XIE GEI HAI ZI DE TIAN YAN LUN

让儿童走进经典
让经典照亮童年

写给孩子的
天 演 论

苗德岁 著

中国盲文出版社

图书在版编目（CIP）数据

写给孩子的天演论：大字版 / 苗德岁著. —北京：中国盲文出版社，2020.11

ISBN 978-7-5002-7800-9

Ⅰ.①写… Ⅱ.①苗… Ⅲ.①进化论 Ⅳ.①Q111

中国版本图书馆 CIP 数据核字（2020）第 217098 号

写给孩子的天演论

著　　者：苗德岁

责任编辑：刘珍珍　张媛媛

出版发行：中国盲文出版社

社　　址：北京市西城区太平街甲 6 号

邮政编码：100050

印　　刷：北京建筑工业印刷厂

经　　销：新华书店

开　　本：710×1000　1/16

字　　数：99 千字

印　　张：14.25

版　　次：2020 年 11 月第 1 版　2020 年 11 月第 1 次印刷

书　　号：ISBN 978-7-5002-7800-9/Q·110

定　　价：42.00 元

销售服务热线：（010）83190520

序

    几年前，我曾荣幸地推荐苗德岁先生翻译达尔文的《物种起源》（第二版）；随后不久，我也愉快地受邀为他出版的《写给孩子的物种起源》一书作序；如今出版社又将隆重推出苗先生的《写给孩子的天演论》。一口气读完出版社发来的电子书稿，最大的感受有两点：一是，这前后两本姊妹篇，在许多方面都一脉相承，可谓交相辉映；二是，苗先生两年前不幸脑梗中风，如今依然还在康复中，在如此艰难的情况下能够写就这本新书，其坚忍毅力足以让人肃然起敬。

    与《写给孩子的物种起源》相比，本书文字还是一贯的简洁、优美、诙谐，每一个章节的标题依然通俗易懂。再者，书中不少的小贴士与章节内容的小结，也足以让小读者们更加轻松地理解一些略显深奥的内容。书中还巧妙地穿插很多古今中外名人诗句、典故，如"离离原上草，一岁一枯荣""犹抱琵琶半遮面""为了打鬼借助钟馗""名称有什么关系呢？玫瑰不叫玫瑰，依然芳香如是"等，彰显了他对中西文化的融会贯通。

如果说《物种起源》（第二版）是原汁原味的达尔文进化论思想，《写给孩子的物种起源》则是对达尔文进化论思想忠实的通俗演绎。那么，《写给孩子的天演论》又是一本什么样的书呢？回答这样的问题并不容易。所幸苗先生在书中已有详尽的解答。本序中我也只能试着做一简要概括。

《天演论》英文原书之名直译本来是《进化论与伦理学》，既是赫胥黎对达尔文进化论的通俗解读，同时也是他对进化论与人类社会关系的思考与见解。值得指出的是，赫胥黎强调的核心思想和内容包括：人类社会与动物社会的差异、人为人格与天然人格的区别、社会进化与生物进化的不同、人类生存竞争与生物生存斗争的差别、生存斗争与伦理原则的矛盾等。总之，他认为不能把生物演化的规律生搬硬套地运用到社会学领域中去。而严复先生翻译的《天演论》，其实只编译了赫胥黎原书的进化论部分，而舍去了其伦理学观点。同时，在《天演论》的翻译中，严复先生还加入了斯宾塞社会达尔文主义的观点（这些恰是赫胥黎坚决反对的），将"物竞天择，适者生存"的生物演化规律照搬到人类社会的演化上，这跟赫胥黎的本意可谓南辕北辙。借用苗德岁先生的比喻来说，就是严复把赫胥黎的《进化论与伦理学》，经过选材和"配菜"，由"西餐"完全做成了"中餐"，一道适合当时急于改变中国落后局面的中国精英人士口味的"大餐"。

其实，严复先生作为我国第一代留欧的学者，中英文的功底都毋庸置疑。他之所以如此用心良苦"翻译"出变了味的《天演论》，实乃出于一片爱国、救国之心。当时的中国保守落后，自上而下众人皆浑浑噩噩，唯有少数社会精英忧心忡忡，深感若要救亡图存，唯有猛药尚能治病。严复于是用了"弱肉强食，优胜劣汰""物竞天择，适者生存"来警示国人。

于是乎，《天演论》就变成了一个进化论、社会达尔文主义以及救亡宣言书三合一的混合体。借用进化生物学家张德兴先生的话来说，严复先生《天演论》的发表，一方面开启了中国民智，唤醒了民族自强；另一方面也使很多国人对进化论一知半解、不求甚解，甚至道听途说……如此看来，苗德岁先生的《写给孩子的天演论》一书的出版实乃必要且适时，至少能够起到正本清源的作用。

苗德岁先生的《写给孩子的天演论》一书，严格按照赫胥黎的英文原著，仔细对比了严复的文言文译本，选取了读者容易理解的若干实例，一方面力求通俗，另一方面尽可能原汁原味地把原书的内容奉献给读者（本书第二部分）。此外，他还增加了第一部分对严复、赫胥黎与《天演论》的通俗介绍，以及第三部分对《天演论》的写作背景及其深刻影响的介绍。苗先生在书中不厌其烦地解释了赫胥黎的原意和严复所做的发挥，目的是让读者了解真正的赫胥黎思想，以及严复先生是如何，并且又是为何要这么做的"良苦用心"。

离《天演论》发表已一百余年，进化理论一直在发展，我们人类一直在进化之中。如今的中国与一百多年前积贫积弱的状态相比，可谓天翻地覆，然而与经济上举世瞩目的成就相比，我们在科技、文化、国民科学素养等诸多方面与世界的差距依然显著。中国的富强离不开科学，更离不开文明的发展。

　　近年来我参加过一些国内科普图书的评审，常常感慨翻译的好作品不少，然而真正原创的好书却并不多见。鉴于此，我十分欣喜地看到，出版社"挖掘"到苗德岁先生这样既熟悉相关专业，又学贯中西、文理兼通的学者，来为我们解读和普及通常说来比较"难啃"的传世经典。本书虽名为写给孩子的天演论，然而，对于一般成年读者而言，同样不失其阅读的价值。我在此郑重向家长和小朋友们推荐《写给孩子的天演论》一书。希望它不仅能够帮助我们的下一代了解科学，更能帮助他们树立正确的人生观。

周忠和

2016 年 9 月 25 日

第二部分 《天演论》

第三部分　《天演论》的写作背景及其深刻影响

致小读者

亲爱的读者小朋友们：

三年前，我曾为你们编写了《写给孩子的物种起源》，受到了你们以及你们的家长和老师们的厚爱，这给了我极大的鼓励和鞭策。正当我打算为你们编写《写给孩子的天演论》的时候，我突患脑梗中风，经过一年多艰苦的康复治疗与锻炼，我的身体状况渐渐好转。不久前，我在读美国著名脱口秀笑星、作家盖瑞森·凯勒的《离家》时，看到这句话："为孩子们做的每一件事都是极有价值的。"联想到我平生写的第一本童书就得到了你们的喜欢，我受到激励立马动手为你们写这本书，尽管我左手的功能现在还没有恢复，只能用一只右手慢慢地打字。

在《物种起源》之后，紧接着向你们介绍《天演论》，是一件很自然的事。《天演论》英文原书的书名叫《进化论与伦理学》，是达尔文的好朋友赫胥黎写的。很有意思的是，进化论在 19 世纪末最初传入中国，是通过严复翻译的《天演论》，而不是《物种起源》本身。严复在《天演论》中反复强调了"物竞天择，适者生存"的观点，激励人们自强进取、寻求民族复兴。无论从哪方面来说，《天演论》都算是对中国近代历史影响最大的一本书，曾受到孙中山、毛泽东、鲁迅等重要人物的喜爱。2014 年 4 月 24 日，在福建省考察工作的李克强总理专程参观了严复故居，并称自己在插队时读过严复翻译的《天演论》，还说每一个中国人都应该记住严复，他启蒙了几代中国人。

尽管《天演论》是这么重要的一本书，但由于严复生活在一百多年前，他所使用的是充满了"之乎者也"的文言文，因此即使让你们的爸爸妈妈现在去读，他们都会感到费劲。因此，我在编写这本书的时候主要根据赫胥黎的英文原著、参照严复的文言文译本，尽量使用你们所喜欢的语言风格，选取你们容易理解的实例，尽可能原汁原味地把原书的内容奉献给你们。我衷心希望你们会喜欢这本书，谢谢你们接着往下阅读！

2016 年 7 月 29 日

第一部分

严复、赫胥黎与《天演论》

从西方"盗火"的人

希腊神话中有个普罗米修斯从天上盗取火种带到人间的传说。有了火，人类才告别了茹毛饮血（吃生肉）的原始生活，开始走向文明。因此，鲁迅先生曾把中国最早从西方引进先进思想的人，也比作"盗火者"。在中国近代史上，最有名的"盗火者"，就得数严复了。

🌿 时势造英雄

100 多年前，是中国的最后一个封建王朝——清朝快要灭亡的时候。西方以英国为代表的新兴资本主义国家正变得越来越强大，就连中国的近邻岛国日本，在学习西方之后，也逐渐强大了起来，并在 1894—1895 年的甲午战争中把中国打得惨败。这使得当时越来越多的中国人觉醒了：中国不能按照老路子走下去了，必须走一条救国、强国和富国的道路。那么，要实现这个目标，首先就得像日本人那样去了解西方，把西方先进的东西引进来。正是当时这种国情和时势，造就了去西方"盗火"的严复。

那么，让我们来看看：严复究竟是怎样的一个人？他长着什么样的三头六臂呢？他是怎样把火给"盗"回来的呢？

🌱 少年丧父家败落

严复 1854 年 1 月 8 日出生在福建省侯官县南台的苍霞洲。跟达尔文一样，严复的祖父与父亲也都是地方上很有名气的医生。严复小时候家里条件不错，尽管不像达尔文家那么富有，可也不愁吃不愁穿。按照他的家庭情况，本来他是可以一步一步地走读书做官的科举"正路"的，不料在他 12 岁那年，他父亲突然生病去世，家里的经济支柱倒了，严家也很快就变穷、败落了。

🌱 穷人的孩子早当家

这时（1866 年）正好赶上福州船厂附设的船政

学堂招生，严复考了个第一名，入学后不但吃住不要钱，学校还发一些零花钱，可以补贴家用。他在船政学堂学习了 5 年，除了学四书五经之外，还学了英语、数学、天文学、物理学、航海术等课程。严复以最优等的成绩毕业后，接着在军舰上实习和工作了 5 年。

1877 年，清朝选派了第一批去欧洲留学的学生，严复被派往英国的伦敦格林威治海军学院学习。这为严复去西方"盗火"提供了一条捷径。与唐僧西天取经所经历的重重劫难相比，严复是多么幸运啊。此外，这个历史上的偶然事件，对 19 世纪灾难深重的中国具有十分重要的意义。为什么这样说呢？

严家败落而中国得福

如果不是严复少年丧父家里变穷的话，他很可能像当时大多数读书人一样，沿着读书做官的科举之路一直走下去，最终也许会在腐败没落的清朝混个一官半职，而近代中国就失去了一位难得的西方文明的"盗火"者以及先进思想的启蒙者。

北宋文学家王安石写过一首小诗《鱼儿》："绕岸车鸣水欲乾，鱼儿相逐尚相欢。无人掣入沧江去，汝死那知世界宽。"诗中的这幅画面用来描绘严复时代的大多数读书人的命运是非常形象的：岸边的水车在吱吱地叫个不停，池塘的水快要被抽干了，水中的鱼儿不知灾难就要临头，还在互相追逐玩耍着。鱼儿，鱼儿，如果没有人把你们带到大江大河里去，就这样干死在小池塘里的话，你们怎能知道外面的世界有多宽广呢？

🌿 外面的世界很精彩

严复留学期间，正是英国资本主义欣欣向荣的上升期，工业革命给人们生活带来的各种便利，包括四通八达的铁路网，让他看得眼花缭乱。那时，达尔文的《物种起源》也已经出版了，严复对接触到的各种新思想和新知识都非常感兴趣。与贫穷落后的祖国相比，他十分羡慕全盛时期的英国，也热切希望自己的祖国能变得像英国那样强大。

千里马遇上了伯乐

严复在留学期间，勤奋刻苦，不仅在海军专业学习上取得了良好的成绩，而且努力学习其他自然科学与社会科学知识。他曾趁其他学员上英国军舰实习的时候，独自跑到城市议会大厅去旁听议员辩论，并去法庭旁听审理案件。

他的这些情况，受到了当时清朝驻英国公使郭嵩焘的关注和赏识。郭嵩焘是清朝维新（改革）派的大官，却经常跟留学生严复讨论国家大事，并让严复陪同自己去法国巴黎考察市政建设，可见他看中了严复是难得的人才。他还向朝廷推荐，特批严复在格林威治海军学院留学延长一年，以便严复学成回国后可以担任教习（新学堂的教师）。

不务正业但副业丰收

严复虽然学的是海军战舰驾驶专业，却是留英

12 人中唯一没上战舰受过海军训练的人。这就像鲁迅先生去日本学医，但最后没有成为医生而成为中国的"民族魂"一样，严复最终没有成为海军舰长，却成为中国近代史上影响很大的人物。那么，严复从英国回来后，究竟做了哪些惊天动地的大事业呢？

没当上大官却成就了大事业

由于严复是留洋的，没有得过举人、进士、状元一类的"功名"，因此回国后并未被朝廷重用。但是，金子放在哪里都会发光。严复的成名不是来自他的功名和官衔，而是来自他所推行的新式教育以及所翻译的西方经典书籍。

❀ 新式教育的先驱

严复认为教育是治国之本，因而他积极从事教育事业。1879 年他从英国留学回来后，先在福建船政学堂担任教习。1880 年，李鸿章在天津创办了北洋水师学堂（海军学校），并推荐严复任总教习（教务长）；10 年之后，严复升为总会办（校长）。以后又担任过安徽高等师范学堂校长、上海复旦公学校长。1912 年，袁世凯任命严复为京师大学堂（北京大学前身）总监，严复成了北京大学第一任校长。

✿ 翻译西方学术名著

中国在甲午战争中败给了日本，对严复的刺激很大。他觉得中国光有洋枪洋炮远远不够，更需要西方的先进思想。由于绝大多数中国人读不懂洋文，他开始翻译西方学术经典名著。古代读书人追求"立功、立德、立言"，也就是要建立功业、做道德典范、著书立说。严复就是通过他的译作来立言的，而且做得非常成功。

✿ 译书非为稻粱谋

清朝诗人龚自珍写过"避席畏闻文字狱，著书

都为稻粱谋"的名句。"著书都为稻粱谋",原本是
讽刺没有骨气的文人为了升官发财,写歌功颂德、
拍马屁的书;后来也有人用来形容靠写书或译书赚
稿费养家糊口。严复译书的目的显然不是这些,因
此,他没有去翻译西方文学名著。

🌱 译书为了"盗火"

严复是从救国救亡的理想出发,选择翻译了对
当时开启民智最为重要的四个方面的书:1. 民主、
自由与法治的理念,如穆勒的《群己权界论》(即
《论自由》)、孟德斯鸠的《法意》(即《论法的精
神》);2. 资本主义的经济思想,如亚当·斯密的
《原富》(即《国富论》);3. 以进化论为核心的社会
科学,如赫胥黎的《天演论》(即《进化论与伦理
学》)、斯宾塞的《群学肄言》(即《社会学研究》);
4. 科学的逻辑推理,如穆勒的《名学》(即《逻辑
体系》)等。其中影响最大的还是《天演论》。

严复翻译西方学术著作,并不是简单地翻译,

而是经常在译作中结合国情加入自己的观点，这样既传播了西学，又对国事进行对症下药的评论，很受读者欢迎。

对中国近代史影响最大的书

毛泽东在《论人民民主专政》中说："自从1840 年鸦片战争失败那时起，先进的中国人，经过千辛万苦，向西方寻找真理，洪秀全、康有为、严复和孙中山，代表了在中国共产党出世以前向西方寻求真理的一派人物。"

小贴士

把严复与孙中山相提并论，可见毛泽东对严复的评价是多么高呀！事实上，在十月革命一声炮响、马克思主义传到中国之前，严复翻译的《天演论》是对中国近代史影响最大的一本书。

❀ "物竞天择，适者生存"成了当时中国人的口头禅

《天演论》于 1898 年正式出版，是最早把达尔文的进化论系统引进中国的著作。严复在译作中用按语或注解的方式，加进了他本人的观点。他在书中详细解释了"物竞天择，适者生存"的道理，用进化论的观点，启发中国人在民族存亡的紧要关头要自强不息，否则就会亡国灭种。"物竞天择，适者生存"成了当时国人的口头禅。作为中国新文化运动主将之一的胡适，就是在那时按照"适者生存"的意思，把自己的名字从"胡洪骍"改为"胡适之"的。

❀ 毛泽东和鲁迅都曾是严复的"粉丝"

不单单是胡适，中国近代史上的重要人物几乎都受到严复译著《天演论》的影响，包括康有为、梁启超、孙中山、秋瑾、毛泽东、朱德、吴玉章和鲁迅等。

毛泽东曾把《天演论》误记作《物种起源》

我家住在堪萨斯城附近，堪萨斯城的地方报纸叫《堪萨斯城明星报》，这份报纸貌似名气不太大，但它的工作人员中曾有过一些大名鼎鼎的人物，比如，美国前总统杜鲁门曾当过该报社的收发员，美国大作家海明威和名记者斯诺（Edgar Snow）都曾当过该报的记者。

斯诺 1928 年来到中国，1936 年到了延安，采访了毛泽东等中国共产党领导人，写了一本《西行漫记》，最早向西方世界客观地介绍了当时的中共领导人。斯诺也因此成了毛泽东和周恩来的好朋友。毛泽东向斯诺介绍他早年受达尔文进化论的思想影响时，把在湖南第一师范读书时（1913—1918）阅读的《天演论》误记为《物种起源》。因为最早由马君武翻译的达尔文《物种源始》（即《物种起源》）直到 1920 年才问世，他是不大可能在那时读到中文版《物种起源》的。

鲁迅先生则更是严复的"铁杆粉"啦！

❧ 鲁迅一有时间就吃侉饼、花生米、辣椒，看《天演论》

鲁迅先生年轻时深受《天演论》的影响，很早就在心底建立起了"物竞天择，适者生存"的进化论思想。尤其是到日本留学之后，更加坚定了他的"个人要自立，民族要自强"的信念。

鲁迅先生对《天演论》一书着迷到爱不释手的程度，他在《朝花夕拾·琐记》中写道：当他因看《天演论》入迷而受到长辈呵斥时，他"仍然自己不觉得有什么'不对'，一有闲空，就照例地吃侉饼、花生米、辣椒，看《天演论》"，因此，《天演论》里的许多章节，他都能熟练地背诵下来。有一次，他和他的好朋友许寿裳在一起谈论《天演论》，谈到兴头上，两人都情不自禁地背诵起原文来。

鲁迅对严复《天演论》译文的优美十分钦佩和赞赏，并称赞严复与众不同，"是一个 19 世纪末年中国感觉锐敏的人"[1]。

---

〔1〕《热风·随感录二十五》，见《鲁迅全集》第一卷。

🌿 严复为什么选择翻译《天演论》而不是《物种起源》?

看到这里，大家也许会好奇一个问题：既然要介绍达尔文的进化论，严复当年为什么不直接翻译达尔文的原著《物种起源》而选择赫胥黎的《天演论》呢？

首先，读过《写给孩子的物种起源》的小朋友们应该还记得，那是达尔文为了说服人们接受他的进化论而写的一本"大书"，内容庞杂，例证繁多，并且涉及很多科学领域。如果翻译达尔文的原著，不仅翻译的工作量会很大，而且对当时的中国读者来说，阅读起来恐怕也格外费劲。

其次，在开始翻译《天演论》之前，严复身体状况不好，翻译《物种起源》这种大部头著作，也确实是心有余而力不足。因此，严复选择了赫胥黎的通俗演讲《进化论与伦理学》来向国人介绍进化论，它不仅篇幅较短，而且容易理解，这实在是很聪明、很高明的做法。

读过《写给孩子的物种起源》的小读者们，一定还记得赫胥黎的大名吧？我们不妨再来简单地回顾一下，看看赫胥黎究竟是何方神仙。

赫胥黎与《天演论》

托马斯·亨利·赫胥黎（Thomas Henry Huxley，1825—1895）是英国著名的生物学家、科普大师、达尔文理论的热情捍卫者和宣传者，自称为"达尔文的斗犬"。他最为著名的著作有《人类在自然界的位置》和《进化论与伦理学》（即《天演论》）。他的后代有英国著名的进化生物学家、人文学者、联合国教科文组织首任主席朱利安·赫胥黎爵士（Sir Julian Huxley），英国著名作家、《美丽新世界》作者阿道司·赫胥黎（Aldous Huxley），1963 年生理学与医学诺贝尔奖获得者安德烈·赫胥黎爵士（Sir Andrew Huxley）。

🌱 赫胥黎最早提出鸟类是从恐龙演化而来的

赫胥黎是英国著名的生物学家与博物学家，他通过对鸟类与恐龙的骨骼结构的比较研究，在100多年前就提出了鸟类是从恐龙演化而来的理论。但这一理论在很长时期内，并没有被大多数古生物学家所接受。20世纪70年代初期，美国耶鲁大学的奥斯特罗姆（John Ostrom，1928—2005）教授通过对恐龙与始祖鸟的比较研究，重新肯定了赫胥黎理论的正确性，但依然没有被广泛接受。直到20世纪90年代，在中国辽宁省西部发现了长有羽毛的恐龙化石，赫胥黎的鸟类起源于恐龙的学说才被普遍接受。辽西披羽恐龙化石也是20世纪世界上最重要的古生物学发现之一。

小贴士

我的同事、中国古生物学家徐星发现了身披羽毛并生有四只翅膀的恐龙化石（赵氏小盗龙），最终平息了古生物学界对于鸟类起源的长期争论，证实了赫胥黎的理论是正确的。

🌱 马克思也曾慕名去听赫胥黎演讲

赫胥黎不仅是 19 世纪著名的生物学家，而且是著名的演讲家。为了宣传进化论和普及科学知识，他四处演讲，从英国煤都纽卡斯尔的采矿工人到伦敦的上流社会人士，他拥有无数的听众。当时居住在伦敦的马克思，也曾几次慕名前去聆听赫胥黎的科普讲座。

🌱 赫胥黎的传世名言

赫胥黎有一句传世名言："尽可能广泛地了解各门学问，并且尽可能成为某一门学问的专家。"（Try to learn something about everything and everything about something.）其实，赫胥黎本人就切切实实地做到了这一点。

亲爱的读者小朋友们，也许你们并不想长大之后成为进化生物学家，但是你们既然有兴趣看《写给孩子的物种起源》这本书，这就说明你们已经在实践着赫胥黎的劝告，小小年纪就在"尽可能广泛地了解各门学问"。如果你们将来真的喜欢上了生命科学的话，你们现在的阅读也为你们将来成为这门学问的"专家"打下了良好的基础。好了，那就请你们接着往下读，看看《天演论》这本书到底说了些什么吧。

第二部分

《天演论》

第一节
大自然的演变与生物 演化的原理

思考是件挺费劲的事

孔夫子说过："学而不思则罔"，意思是：如果光读书而不思考的话，就会稀里糊涂没有收获。世界上最难的事，莫过于思考了，而人类最伟大的发现，往往来自某些杰出人物的奇思怪想。苹果从树上掉下来，原本是再平常不过的现象，一般人见了，不会觉得有什么好奇怪的。可是牛顿却要去胡思乱想：为什么苹果不是往天上掉呢？达尔文时代，人们普遍相信是上帝创造了世间万物，可达尔文偏偏对此有一脑子的疑问，并找出了大量证据，推翻了这一信条。同样，赫胥黎也特别喜欢思考。

赫胥黎的奇思怪想

有一天，赫胥黎独自待在伦敦南郊家中的书房里，往窗外远望，他看到了外面一栋栋漂亮的小洋楼，一座座美丽的花园，一对对悠闲的男女在夕阳下散步、遛狗，远处还有一大片长满野草的荒地……他为眼前的这片美景深深地陶醉了。突然，他好奇地想道：2000多年前，在罗马大将恺撒还没有带领兵马到达这里之前，此地大概还从未被人类开垦，还处在所谓"自然状态"中。那么，这里会是一番什么样的景象呢？

"离离原上草，一岁一枯荣"

那时候这里还没有房屋和花园，全是像远处遗留的那片荒地一样，是一片一眼望不到边的"原生态"荒原，上面长满了野草和矮树，它们为了在贫瘠的土地上占据各自的生存空间而相互争斗着。此外，它们还要跟夏季的干旱和冬季的霜雪作斗争，还得抵御一年四季从大西洋和北海不断吹来的狂风。各种鸟兽和昆虫也经常来骚扰和摧残它们。它们每时每刻都在生死的边缘挣扎。

✤ 野草虽小，历史却长

尽管如此，像白居易诗中所写的那样，"野火烧不尽，春风吹又生"。这些野草和灌木，仰仗着自己强大的生命力，坚韧不拔地活了下来。一年又一年，它们就是这样在不断的生存斗争中顽强地延续着自己的种族。

这种状况在恺撒到来之前的几千年甚至几万年间，也是如此。今天我们所看到的繁生在这里的小黄芩，就是那些远古时代使用石器的原始人类所采摘、踩踏过的小黄芩的后代。如果再往更远古的时代追寻的话，它们的祖先在冰河时期寒冷的条件下，比现在还要茂盛呢。小黄芩只是一种微小的草本植物，它的祖先能够忍受冰期的严寒而存活下来，这说明它比现有的属种生命力更强呢。跟这种低等植物漫长的历史比起来，人类文明史只不过是个小插曲而已。可是，如果赫胥黎进一步告诉你，在所有这一切出现之前，这里曾是一片汪洋大海，你会相信吗？

沧海变成了陆地

当然，赫胥黎这样讲不是没有根据的，他发现：只要用铁锹挖起地表那一层薄薄的草皮，就可以暴露出下面白颜色的石头。这种石头叫白垩，老师在黑板上写字用的粉笔，就是用这种石头做的。这种石头跟附近海岸边悬崖峭壁上的白色石头一模一样，是由无数个螺壳与蚌壳的碎片组成的。如果放在显微镜下，有时候还能看到比较完整的小螺壳呢。

原来这块地方在远古时期曾经是海洋，生活在海洋里的螺蚌外壳堆积起来，跟沉积在海底的泥沙胶结在一起，形成了一层一层的白垩。科学家们测定了这些白垩岩层的地质年龄后发现，在白垩形成与草皮出现之前，曾经历过几千万年的时间。在这么长的时间内，由于地壳的变动，先前的大海变成了陆地。

人不能两次踏入同一条河流

古希腊哲学家赫拉克利特有句名言："人不能两次踏入同一条河流。"它的意思是说，河里的水是不断流动的，你这次踏进的河，水很快就流走了，等你下次再踏进这条河时，流来的却是新的水。所以从严格意义上说，河水川流不息，你不可能两次踏进同一条河流。换句话说，世上万物都在不断地变化，变化才是自然界不变的法则。

变化是绝对的，不变是相对的

你们或许有过这样的经历：一位几年不见的亲戚或朋友来访时见到你，一定会对你以及站在你身旁的爸爸妈妈说："瞧这孩子转眼间长这么大了，要是在外面碰上，我们保准都认不出了。"如果你是女孩的话，他们肯定会加上一句："真是女大十八变，越长越好看啦。"其实，这不单纯是句寒暄的话，常常也是实情。爸爸妈妈整天跟你生活在一起，你成长中的缓慢变化，他们并不觉得明显，但这些缓慢微小的变化积累下来，对几年未见的亲友来说，就感到十分明显喽。

前面我们提到的小黄芩也是这样，由于它们的变化也非常缓慢，因此亲眼看着它们"一岁一枯荣"的人们，也看不出它们有什么变化的，只有把它们跟生活在冰河时期的小黄芩祖先类型比较，才能看出明显的变化来。

🌱 白垩中的螺蚌壳也变啦

同样，研究白垩中的螺蚌化石的古生物学家也发现：这些生活在海水中的螺蚌，经历了千百万年，也发生过很多缓慢的变化，比较明显地反映在螺蚌壳的形状以及表面花纹的变化上。

看来无论是植物还是动物，即使在没有人类干预的情况下，自身也都会不断地变化着，这就叫生物的演化（又称进化）。下面让我们来回忆一下《写给孩子的物种起源》里介绍过的生物演化论的一些基本概念吧。

🌱 温故而知新

下面我们来温习一下《写给孩子的物种起源》前四章的要点：

1. 俗话说"一娘生九子，个个不一样"，所有的植物和动物都会出现可遗传下去的变异；

2. 在生物界没有生一胎、二胎的规定，因此，所有的生物都趋向于无限制地繁殖；

3. 大自然的食物来源和生存空间都是有限制的；

4. 为了争夺有限的食物和生存空间，大自然中生存斗争无处不在；

5. 每一个微小的变异，只要对生物有利就会被保存，凡是有害的就会遭到清除，这就叫"自然选择"。

没有第一点，就不可能有演化；没有第五点，就没法解释为什么有的变异会消失，而另一种变异会取代它；没有第四点，自然选择的动力就会消失。

🌱 小黄芩胜过了猛犸

我们前面提到的小黄芩，是外表看起来很不起眼的草本植物，它在冰河时期严酷的环境条件下，在激烈的生存斗争中胜利地延续了下来，一直到今天还在茁壮地生长着，而那些跟它同时代的猛犸、披毛犀等庞然大物却早已绝灭了。按照生物演化论的观点，小黄芩能够生存下来，就证明了它是生存斗争中的胜利者。

🌱 进化论推翻了神创论

通过赫胥黎的这番思考，我们看清了生物演化原来是一种自然过程，就像从一粒种子发育成为一棵树或从一个鸡蛋孵出一只小鸡那样，完全不需要上帝或其他超自然力量的干涉，从而破除了人们对上帝造人或女娲造人的迷信。

🌱 科普大师赫胥黎

赫胥黎真不愧为科普大师，他通过前面所描述的这一番遐思，就把达尔文理论的基本内容解释清楚了。他还曾从一支粉笔说起，向英国的煤矿工人讲清楚白垩是如何形成的，而且介绍了整个英国地质历史，并讲述了英国的煤矿是在什么时候以及什么情况下形成的。

严复在翻译前面这一节内容时，是分成三节来介绍的，并不时插入自己的想法。除了赫胥黎对达尔文理论深入浅出的解读之外，真正使《天演论》在近代中国声名大噪的原因，是严复译文的优美以及他在每一章节译文后面写的按语。例如，他把生存斗争翻译成物竞，把自然选择翻译为天择，"物竞天择，适者生存"朗朗上口，迅速流传开来。

🌱 其实严复最佩服的是斯宾塞

"适者生存"一词来源于英国哲学家斯宾塞的"最适者生存"（survival of the fittest），达尔文从《物种起源》第五版开始，才在华莱士的建议下，开始采用"最适者生存"作为"自然选择"的同义词。达尔文万万没有想到的是，斯宾塞很快借着这一表述，把达尔文的进化论从生物学推广到社会学领域。斯宾塞因此变成了公认的"社会达尔文主义之父"，从而也成了严复心目中的偶像。

 **小贴士**

斯宾塞（1820—1903），是 19 世纪英国著名的哲学家、社会学家、作家，他把达尔文的生物进化论运用到人类社会、教育以及阶级斗争中，因此被称为"社会达尔文主义之父"。

什么是社会达尔文主义？

斯宾塞认为"生存斗争、优胜劣汰、适者生存"这些概念不仅适用于生物界，而且同样适用于人类社会。由于斯宾塞用达尔文的自然选择作为他这一观点的理论基础，所以后来人们就把斯宾塞这一观点称为"社会达尔文主义"。你们说达尔文冤不冤？他为此不明不白地背了个黑锅。

❦ 无辜的赫胥黎

相比起来，赫胥黎比达尔文还要冤呢！本来赫胥黎写《进化论与伦理学》这本书的目的，是批驳斯宾塞的社会达尔文主义、替达尔文申冤，但他做梦也没有想到，远方的中国有一位老夫子严复，把他的书翻译成中文，并塞进了自己的"私货"，硬是把它变成一本鼓吹社会达尔文主义的书。按照现在的流行说法，赫胥黎这是躺在地上中了枪。

❦ 为了打鬼借助钟馗

过去，中国人家逢年过节，为了驱灾避邪，都会在门上贴一幅《钟馗打鬼图》。"为了打鬼借助钟馗"说的就是这个意思。同样，严复也是看中了赫胥黎书中列举的大量生物演化论的通俗比喻，因此借赫胥黎的书作为平台，来宣扬斯宾塞的优胜劣汰、适者生存的社会阶级斗争学说，以此激励中华民族奋发图强。100多年来，由于严复翻译的《天演论》在中国的巨大影响，多数人误认为它就是赫胥黎的原意呢。在本书中，我力争把赫胥黎的原著与严复的评论分开来介绍，这样你们既了解了赫胥黎的原著，也明白了严复"篡改"的苦心。

🌱 严复的按语

在赫胥黎原书第一节之后，严复用按语非常精练地总结了达尔文理论的精华，同时很快就把斯宾塞的社会达尔文主义搬了出来：斯宾塞用进化论的原理论述了人类社会群体的生存法则，这是欧洲自人类出现以来所产生的最轰动的杰作。有眼光的人应该明白地球上的资源有限，那些善于谋生的人能够掠取大量资源而生活富足，而没有本事的人就感到生存困难。当今世界的各种竞争如此激烈，必然是优胜劣汰、适者生存。

下面我们继续跟着赫胥黎的原著，看看他究竟想讨论些什么问题。

第二节
"巧夺天工"的人造景观

赫胥黎家的后花园

前面我们所讲的内容都是有关赫胥黎屋外远处那片处于自然状态的荒地的。那片荒地与赫胥黎家里的后花园之间，有一堵墙隔开，因此围墙里的后花园是被人为保护的环境。花园里的花草，不会被外人或野兽随意采摘或践踏；而且这些花草跟外面那些野草和小黄芩也完全不同。房屋的主人按照自己的喜好，把原来的植被尽可能地清除掉，栽种上自己觉得赏心悦目的花草以及可以食用的蔬菜和瓜果。现在这个经过人工处理的园地，跟墙外远处那片荒地比起来，显然是完全不同的一番景象啦。

✿ 墙里墙外两重天

花园中的这些花草和果蔬，很多都是从外地移植过来的、经过人工培育的品种。它们原本不一定会适应这里的环境条件，全靠园丁们的辛勤打理，提供它们滋长繁荣的条件，它们才在这里扎下根来，茁壮成长。

但是，经过常年风吹雨打，花园的围墙和门户会因雨水的侵蚀而腐烂朽坏。如果园丁的注意力稍微松懈，墙外的野兽就会溜进来破坏这些美丽的植物；鸟和昆虫可以从墙外飞进来，破坏蔬菜瓜果；外面那些野树和野草的种子也会被风大量吹进花园来，并落地生根、发芽，疯长起来。由于这些野树野草是土生土长的，长期以来适应了本地的环境，它们会很快打败园内这些人工精心培育的外来者。这样一来，不出一两百年，这个美丽的后花园，又是一片杂草丛生的荒地了，除了残留的墙根之外，跟墙外的荒地没什么两样了。

❧ 赫胥黎的本意

赫胥黎把墙外的生物称作自然的产物，认为它们是经过长期演化最适宜本地环境的物种，他把墙内的植物称作人工的产物。这两者之间的生存斗争就是如此残酷地进行着的。

赫胥黎通过自家后花园百花争艳的例子试图说明：一方面，人类的智慧与力量使人类在与自然的斗争中能偶尔获胜；另一方面，人类的力量（即人工）在大自然面前终究是有限的，在自然状态中发生作用的宇宙威力（即天工）最终还是要占上风的。

❧ 严复的按语

首先，严复不同意本地原产的物种是最适宜在当地生存的说法。他用土著居民常被外来移民击败为例，感叹我们不能单单为种族的人口众多而沾沾自喜，必须要奋发图强，才能在人类的竞争事业中立于不败之地。

如我前面所说过的，严复对于中国在鸦片战争中受到的挫败，有着刻骨铭心的感受。但他不顾赫胥黎原文的意思而尽情抒发自己的感受，总让人觉得他跟赫胥黎之间形似"鸡同鸭讲"。

在下一节里，我们就能更清楚地看出，赫胥黎所讲的与严复所想讨论的，根本不是一码事。

第三节
天工与人工的较量

🌱 桥与船的启示

上一节讲到的人工建造的花园，虽然美轮美奂，却时刻受到自然力破坏的威胁，如果不是园丁持续精心打理的话，似乎大自然成心要使它恢复到原生态的景象。这种天工与人工较量的例子，在现实中处处可见。

英国福斯河的铁桥以及海上的铁甲舰，是赫胥黎信手拈来的又极为通俗的两个例子：风吹雨打会使铁桥表面的油漆剥落，引起生锈，每天水涨水落的冲击都会削弱桥基，气温变化引起的热胀冷缩会使铁桥各部分的连接松动，产生摩擦而造成损耗，因此护桥工人们必须经常勘察和维修它，就像铁甲舰在海水的侵蚀下必须定期地送进船厂检查和维修一样。

🌱 大自然总是跟人类作对

人类原本是自然界的一员，是通过亿万年的生物演化而来的。但是自从人类用自己的智慧与力量试图改造大自然以来，人类与大自然的相互争斗就一直没有停息过。比如，人类为了防止洪水泛滥而修堤筑坝，大自然总是利用蝼蚁穴和老鼠洞等来破坏堤坝的根基（"千里之堤，溃于蚁穴"就是说的这一现象），或以更凶猛的洪水来冲垮堤坝。

🌱 左右臂互相较劲

按照赫胥黎的观点，人工与天工之间处处表现出对抗性，尽管人有肉体、智力和道德观念，但他们跟杂草一样，都是自然界的一部分，是生物演化的产物。人与自然的抗争，就像一个人用双手分别抓住一条绳子的两端，使劲想把绳子拉断一样，虽然左右臂之间的用力是互相对抗的，但两种力量都来自同一体内。这个比喻是不是很形象呀？你不妨拿根绳子来试试看。

❧ 严复的按语

严复在斯宾塞与赫胥黎的不同观点之间，支持斯宾塞而批评赫胥黎。首先，他力挺斯宾塞，说斯宾塞所谈论的进化之道，是看到顺从大自然的天性，像黄帝和老子那样，对大自然崇敬有加、宽厚为怀；人类就是要顺从天性。接着，他解释说赫胥黎的《进化论与伦理学》反对这一观点，是因为有些人过于强调任天为治。

我在这里必须特别指出，斯宾塞与赫胥黎的不同之处，并不像严复上面所讲的那样。其实，他们之间的争议主要不是人类对大自然的态度，而是人类对自身的态度。斯宾塞强调人类可以依据天性"自行其是"，而赫胥黎则从道德伦理出发，强调人类必须"自我约束"。

第四节
人工选择与自然选择的抗衡

歪解唐诗

唐朝有位叫李绅的诗人，写过两首怜悯农夫的小诗："春种一粒粟，秋收万颗子。四海无闲田，农夫犹饿死。""锄禾日当午，汗滴禾下土。谁知盘中餐，粒粒皆辛苦。"前一首揭露了封建社会的不平等：农民辛苦劳作，虽然粮食丰收，却被饿死。后一首教育我们粮食来之不易，要珍惜农民的劳动果实。从演化论角度，我对这两首诗做以下的"歪解"。

广种薄收与精耕细作

如果你春天撒下一粒种子，不管不问的话，到了秋收季节，别说是收"万颗子"了，恐怕连收十颗子也悬。我们知道，在自然状态下，一棵树或一根草，通常产出千百颗甚至上万颗种子，以确保有那么一两颗会成活，这是自然界"广种薄收"的模式，这显然是为生存斗争所迫，也是自然选择的结果。

那么，要想"春种一粒粟，秋收万颗子"的话，必须采取"锄禾日当午"这样"精耕细作"的模式：农民伯伯在春天撒下种子之后，还要经常到田里去浇水、施肥、杀虫、除草。"锄禾"不仅是除草，有时也可能是间苗。间苗就是为了庄稼长得好，把多余的幼苗除去，使幼苗之间保持一定的距离，以免生长期间为了争夺有限的养料和水分而互相打架。其实，这也是一种人工选择的方式。

🌱 生存斗争是自然选择的引擎

前面我对唐诗的"歪解"，也印证了赫胥黎先前所说的"没有生存斗争，自然选择就失去了动力"。优胜劣汰是物竞天择的最高信条，赫胥黎家后花园墙外的荒地，在自然状态下，听任万物自生自灭，强者生存，弱者灭亡。在外面的荒野上，各种生物无限制地繁殖，于是成百上千的生物为了有限的生存资源和空间而殊死搏斗。自然界以冰霜、干旱、病虫害以及天敌来消灭弱者和不幸者。幸存者除了具备强大的生命力之外，还要有灵活的适应性以及好运气。然而，发生在花园里面的情形就完全不同了。

🌱 人工选择消除了生存斗争

像农民伯伯在田里间苗一样，园丁在花园中也限制植物的繁殖，给每一株植物留足充分的生长空间和养料，保护它们不受严霜及干旱的摧残，不被外来的动物侵害，也就是说，尽力排除一切引起生存斗争的条件来消除那种斗争。如此一来，主人就会得到自己想要的瓜果蔬菜和花卉。

看到这里你们也许会问：既然生存斗争终止了，那么这些植物还有可能向前发展和演化吗？

遗传变异不停，演化不止

生物演化的物质基础是遗传与变异，自然选择只是一种选定某些有利的变异并把它们保存下来的手段而已。虽说生存斗争是自然选择的驱动力，但它只是实现自然选择的手段之一。人工栽培的瓜果蔬菜与花卉不是由于生存斗争而自然选择出来的产物，而是人工选择的直接产物。因此，只要遗传变异不停（事实上也绝不会停），这些植物便可能继续演化或被改良。

🌱 "玫瑰不叫玫瑰，依然芳香如是"

莎士比亚有一句名言："名称有什么关系呢？玫瑰不叫玫瑰，依然芳香如是。"（What's in a name? That which we call a rose by any other name would smell as sweet.）玫瑰又称刺玫花，原产中国，白居易有"菡萏泥连萼，玫瑰刺绕枝"的名句（意思是：荷花虽美，但花萼与泥相连；玫瑰虽香，但枝上被刺缠绕）。由于玫瑰花美丽芳香，成为几乎遍布全世界的栽培花卉，经过长期的人工选择、培育和杂交，现在世界上玫瑰的品种超过 15000 种。这说明只要遗传变异存在，缺乏生存斗争、娇生惯养的玫瑰花照样会演化发展。同样，在人工栽培下，野生甘蓝变成了卷心菜、大白菜和西蓝花。

🌱 人力有时可小胜

通过前面一系列的例子，我们看到：在自然状态下，生物必须调整自身以适应现实的环境条件，否则就会在生存斗争中被击败。而园艺，则是通过人工来调整环境条件，使它满足园丁所培育的植物生命类型的需要。后一种情况，是人类跟大自然对抗中偶尔取得一些小胜的实例。但不能就此认为"人定胜天"。

🌱 笑到最后的是大自然

赫胥黎指出，人类能控制自然的范围是有限

的。如果恐龙生活的白垩纪时代的极度干旱和炎热的环境在地球上重现的话，恐怕最灵巧的园丁也不得不放弃种植苹果树！如果冰河时代的环境再次出现的话，那些露天的龙须菜苗床以及南墙边上的果树，都会被活活地冻死。"人定胜天"岂不是痴人说梦吗？

严复则加进了他自己的例子：如果某一园林位于大河附近，遇上洪水泛滥、堤坝溃决，房屋连同园子全被洪水淹没，这时主人连自救都顾不及，哪里还有心思拯救水淹的园林呢？

所以，大自然的威力是人力所无法控制的。

让我们来复习一下《天演论》前六节的要点

我前面曾经提到，严复翻译的《天演论》把赫胥黎原著《进化论与伦理学》的第一节分成三节；因此，我这里所说的《天演论》前六节实际上是《进化论与伦理学》的前四节。《天演论》的前三节

（即《进化论与伦理学》的第一节）介绍了自然状态（即原生态）的演变以及生物演化论的原理。后三节介绍了花园里的人为状态，并借此讨论了自然状态与人为状态的较量，以及自然选择与人工选择的抗衡。

❋ 赫胥黎告诉我们

· 所有的植物和动物都会出现可遗传下去的变异；没有遗传和变异，就不可能有演化。

· 每一个微小的变异，只要对生物有利就会被保存，凡是有害的就会遭到清除，这就叫"自然选择"；没有自然选择，就没法解释为什么有的变异会消失，而有的变异却会被保存下来。

· 所有的生物都趋向于无限制地繁殖，而大自然的食物来源和生存空间却是有限制的，因此，为了争夺有限的食物和生存空间，大自然中生存斗争无处不在；没有生存斗争，自然选择的动力就会消失，但人工选择可以取而代之。

🌿 小园风流总被雨打风吹去

像赫胥黎家的后花园那样的人类精心打造的园林，总是趋向于被大自然的力量所破坏。大自然似乎总是要恢复它的粗犷与放任自流，而人类也总是要奋力与大自然抗争。从中国古代的大禹治水到19世纪在埃及修筑的苏伊士运河，都是人类战天斗地的例证。但是，人类的力量在大自然面前还是常常显得很单薄。"万里长城今犹在"，但留下来的只是断垣残壁而已。尽管如此，赫胥黎依然坚持认为，人类不能被动地听任自然摆布，人工要跟天工较量，人工选择可与自然选择抗衡。严复则赞同斯宾塞的观点，即人类要遵循自然之道，顺从天性。其实，双方至此为止的讨论，并不在于人类对大自然的态度上，而是为后面的争论打伏笔、做铺垫呢。

🌿 "醉翁之意不在酒"

在人和自然的关系中，严复接受斯宾塞的学说，认为：人类也是有机体，跟自然界的其他生物一样，因而生存竞争、自然选择的法则，也同样适用于人群中。生物演化论完全可以运用到社会发展中去。然而，赫胥黎却强调：人类社会的伦理关系，与生物演化的法则不同，人类具有高于一般动物的天性和感情，能够互相帮助、互相爱护，不同于自然界的生存竞争。因此，社会才不同于自然，伦理学才不同于进化论。让我们接下来去探索双方"在乎山水之间"的本意吧。

第五节
开拓殖民地与修建花园的相似性

❧ 英国殖民地塔斯马尼亚的建立

澳大利亚东南端约 240 公里的外海上，有一个呈心形的大岛，叫塔斯马尼亚，它与墨尔本隔海相望，风景十分秀丽。塔斯马尼亚荒野是目前岛上所保留的最大的一块自然生态保护区，它保留了 18 世纪中叶英国殖民者登陆该岛前的原生态景观。像恺撒入侵英伦之前的不列颠荒岛一样，在英国殖民者到达之前，塔斯马尼亚整座岛都是如今塔斯马尼亚荒野那样的荒岛，而且岛上的动物和植物跟英国的都完全不同。出没在这里的动物是袋鼠、袋狼、袋熊、袋獾和有袋刺猬等，当初那些英国人看了，都好奇得不得了。

❧ 殖民者修建自己的乐园

像我们前面叙述的赫胥黎家后花园的修建过程一样，英国殖民者在登上塔斯马尼亚岛之后，首先就在他们的生活区域内铲除原先的自然状态，他们清除本地的植被，栽种上从英国带来的果树和农作物，并从英国引进塔斯马尼亚岛上原来没有的家畜家禽，如马、牛、羊、狗以及鸡、鸭、鹅等。为了保护这些外来的生物不被本地的土产动物骚扰和破坏，他们也同样要想办法把土产动物赶尽杀绝。

❧ 农牧场好似大花园

换句话说，这些殖民者在塔斯马尼亚所开辟和建立的农场和牧场，实际上相当于超大型的园林，他们也就是维护和打理这些巨大园林的园丁。他们破坏了旧的生态，建立了全新的动植物区系。同时，他们鹊巢鸠占，赶走了当地的土著人群（原住民）。

从前面描述的如何维持赫胥黎家后花园的例子中，我们了解到，自然状态与人为状态的对抗是持续不断的。因此，殖民者对殖民地的开发活动，也不是一劳永逸的事。

✤ 攻城难，守城更难

事实上，殖民者开拓殖民地、物种侵入一个新的地域，跟侵略者入侵人家的国土一样，要么征服对手，要么被对手消灭掉，除此而外，没有第三条路可走。

你们一定看了不少有关抗日的电视剧吧？那么，你们肯定理解：侵略者与被侵略者之间，是你死我活、生死搏斗的关系。试想那批最初登陆塔斯马尼亚的英国殖民者，如果他们稍微懒惰、松懈或粗心大意，土著居民就会消灭他们、夺回自己的家园。同样，土著生物也会击败来自英国的动植物。不出几十年，一切又会恢复原状：殖民地荡然无存，旧的自然状态卷土重来。

那么，殖民者怎样才能避免这种随时可能降临到他们头上的厄运呢？

第六节
建设"伊甸园"

治国如治园

设想登陆塔斯马尼亚的第一批英国殖民者中有一位出类拔萃的领袖人才，他的能力超过其他所有人，因此被大家推选出来管理岛上的公共事务。他的行政管理方式，跟园丁打理花园类似。像园丁要建造和维护一座百花斗艳的美丽园林一样，这位行政长官也想在这里建立和维持一个欣欣向荣的和谐社会，开拓出西方人通常所说的"伊甸园"。

消除外来的各种竞争威胁

英国殖民者想在塔斯马尼亚修建自己的乐园是

要靠他们去精心打造的。

首先，这位行政长官必须带领手下的人，彻底消除来自外部的各种竞争威胁：把岛上原先自然状态下的竞争者，不管是土著人群还是土生土长的动植物，一律赶尽杀绝。同时，他还要像园丁精心选择植物花卉那样，挑选出各类人才，来参加建设这个小小的"和谐社会"。

以民为本

除了上面提到的要排除外部竞争威胁之外，还要消除殖民者内部可能出现的生存竞争，以免由于内耗而削弱了人们与大自然斗争的力量。因此，行政长官必须在殖民地内推行"以民为本"的政策。首先，为人民提供必需的生活资料，使他们不为衣食住行发愁，并且能老有所养、病有所医。

法治社会

凡是有人群的地方，就会有人与人之间的纷

争，比较强势或狡猾的人可能会欺负别人或夺取他人的生活资料。因而殖民地内要制定相关法律，来惩治这类损人利己、自行其是的行为。为此，还得通过设立警察、法庭以及监狱等来建设法治社会。

🌱 压制生存斗争，排除自然选择

显然，上面提到的这些建设"伊甸园"的措施，跟前面所讲的园丁管理园地是相似的。换句话说，就是要竭力压制自然状态下"大鱼吃小鱼，小鱼吃虾米"式的生存斗争，完全排除那种"适者生存"的自然选择，而是按照行政长官或园丁的预定理想来进行人为的选择。

那么，让我们接下来去看看，这样做的结果会如何呢？

真正的伊甸园

按照上面的设想和举措，这位行政长官可望建立起一个人间乐园。在这里，人民过着丰衣足食、快乐安康的幸福生活，自然界里那种残酷的生存斗争消失了，人们不再需要去适应周围的环境，而是在他们创造好的环境下努力工作就行了。同时，由于法制完善、社会公平，社会成员之间合理地分工合作、相互支持与爱护，人与人之间的生存竞争也就不再存在。这样的理想社会，简直就是真正的伊甸园！

✤ 莫尔与《乌托邦》

不在赫胥黎所设想过这种人间乐园，在赫胥黎之前，英国曾有一位著名的社会学家、哲学家和政治家莫尔（Thomas More，1478—1535）也写过一本《乌托邦》，活灵活现地编织了一个政治寓言，说是在南美洲巴西的大西洋外海上发现了一个叫乌托邦的岛国，是个像伊甸园一样的"理想国"。

很有意思的是，莫尔用的乌托邦（utopia）一词，在拉丁文里是指"不存在的地方"；可是在英语里与它发音相同的词（eutopia）却是指"美好的地方"。

❧ 柏拉图的《理想国》

其实，人们对这种乌托邦式的理想社会的梦寐以求，是源远流长的。在西方可以追溯到古希腊哲学家柏拉图所写的《理想国》一书。在中国，孔孟之道的"仁政"思想，也是要建立这样一种"民贵君轻"（即人民比统治者重要）、人性本善、人民可以安居乐业的理想社会。

❧ 在那遥远的地方

人们对这种理想社会孜孜以求，但古今中外，上下几千年，虽有无数志士仁人为这一理想社会的实现而前赴后继、英勇奋斗，可迄今为止世界上还没有存在过这样一个理想国，所以人们把它称作"乌托邦"——一个美好但不存在（或遥远而难以到达）的地方。

喜欢胡思乱想的赫胥黎，对此做了进一步的思考：如果真的建立起这种乌托邦式的伊甸园的话，它能否长久地保持下去呢？

第七节
人口过剩问题

伊甸园里的毒蛇

《圣经》里的创世记中说，上帝创造了亚当和夏娃之后，把他们放到了伊甸园里，并告诉他们不可偷吃园子里一种树上的果子。可是，在一条毒蛇的诱惑下，夏娃不仅自己偷吃了那棵树上的禁果，而且还把果子拿给亚当吃了。上帝发现之后，一气之下把他们双双赶出了伊甸园。赫胥黎在上文曾把他设想的塔斯马尼亚"理想国"比喻成伊甸园，现在他借用这个典故说：这个伊甸园里也有蛇，并且是一种很阴险的动物。这条毒蛇就是人类自身强大的生殖本能。

✤ 伊甸园里人满为患

人类跟其他生物一样，有着高速繁殖的倾向。在《物种起源》中，我们了解到：在自然状态下，动植物的高度繁殖，在惨烈的生存斗争中，被优胜劣汰的自然选择严格地控制着。但是在那位行政长官英明领导下的塔斯马尼亚人间乐园里，由于政通人和，人民的生活安定幸福，人口的繁殖很快。此外，良好的医疗条件，使得新生儿成活率高、病人得到及时医治、老年人得以延年益寿，更加速了人口的增长。不需要太长的时间，这个塔斯马尼亚的伊甸园里就会变得人满为患。

✤ 马尔萨斯人口论

马尔萨斯人口论是英国经济学家马尔萨斯在18世纪提出的一种经济学理论，他认为，人口自然增长总是趋向于超过食物供给的增长，因此人类必须控制人口的自然增长，否则贫穷和战争是人类不可避免的命运。

在塔斯马尼亚的那个伊甸园里，这种现象注定也难以避免。殖民者一开始繁殖，不需多久就会引起对生活资料的竞争。这样就会使行政长官面临生存斗争在这个人为组织中死灰复燃的问题。当人口增长达到生活资料能够支持的极限时，该行政长官就要设法解决人口过剩的问题了，否则已经被刻意消除的生存斗争又会卷土重来，人们安定团结、和平幸福的局面就会被打破。这该怎么办？

❧ 长治久安无良策

假如该行政长官单纯地从科学原则方面去考虑和应对这一难题的话，事情也许会相对简单一些。既然他已竭尽全力，再也无法增加生活资料的产出，那他只能像园丁或农夫那样，采取移植和间苗等办法，去系统地消除过剩者，以便应对这样的困境。可是，对于处理过剩人口来说，这些办法究竟意味着什么？从人类的道德伦理角度出发，他能够这样做并且行得通吗？

拉着头发把自己从地上提起来

社会一旦政通人和、稳定繁荣，人民得以丰衣足食、安居乐业，人口一定会飞速增长、出现生育高峰，这便会触发新一轮的生存危机和生存斗争。由于残酷的自然选择在"理想国"中已被清除，要解决人口过剩问题，只能进行人为的选择。无论让谁去执行这种选择，都像是要求此人拉着自己的头发把自己从地上提起来一样，不仅异常困难、痛苦，而且难以达到目的。

🌱 移植与殖民主义扩张

在园地或农田里，如果植株太密的话，园丁或农夫所能想到的办法，首先是设法把一些过密的植株移栽到植株相对比较稀疏的地方。但这种办法的效用是有限的。如果整个园地或整块农田的植株都已经过密了的话，那就只能把它们移栽到邻家的园地或农田里去。这就像英国的殖民者装上满满的一船人，运送到塔斯马尼亚去建立殖民地一样，必然要跟邻居（或他国）发生冲突和战争。这种嫁祸于人的办法，并不总能见效，而且不是长久之计。因为殖民地国家的人民总是要坚持反抗的，直到最终把殖民者打败，赶走为止。

间苗与种族清洗

前面已经提到过农民伯伯为什么要在"烈日炎炎似火烧"的大热天里辛勤地除草、间苗。但是把这种办法运用到控制人口上，显然是惨无人道的。因此，赫胥黎在书中根本就没有讨论这一可能性。然而，就在他的这一著作发表不到半个世纪之后，这样的惨剧竟在当时的德国上演了。这就是以希特勒为首的德国纳粹对犹太人实施的种族大清洗。在10多年里，纳粹屠杀了600多万犹太人、吉卜赛人以及残疾人和政治犯，是20世纪世界历史上最黑暗、最耻辱的一页。

上面的方式是在人满为患的情况下，采取"亡羊补牢"式（即羊逃走之后，才去修补羊圈）的补救办法。另一种办法是：在确保人民生活需要的前提下，先计算好各种生产和生活资料的多少，来决定允许每户生儿育女的数字。中国从 1971 年开始，把控制人口增长的指标首次纳入国民经济发展计划，并于 1982 年把计划生育作为基本国策写入宪法。2002 年 9 月，《中华人民共和国人口与计划生育法》施行。这期间 30 多年中，从提倡到规定每对夫妇只生一个孩子，中国有效地控制了人口过度增长。瞧，你们（或你们的父母）当中一定有不少人是这一政策的产物——独生子女！

计划生育面面观

从 2016 年 1 月 1 日开始，中国全面实施每对夫妇可生二胎的计划生育政策。据估算，过去的 40 年间，中国少生了 4 亿多人。虽然这一政策在实施过程中，在国际上曾饱受争议甚至被批评指责，在国内也曾遭遇到种种阻力，但这在世界历史上是人类第一次理智并有效地控制了人口过度增长，避免了马尔萨斯所指出的通过饥荒、瘟疫或战争解决人口过剩的方式。如果赫胥黎地下有知，他也会惊奇不已的。

🌱 出乎赫胥黎意料之外，却在严复臆想之中

中国式的计划生育举措，是赫胥黎所万万没有想到的！可是，十分有趣的是，严复老夫子在翻译《天演论》过程中加进自己的想法时，却曾经提到过这种办法，但是在反复掂量之后，还是觉得不太可行。他的理由是：1. 人口增长的幅度和数字极难统计和预算；2. 即使用先进的数理统计方法能做出精确的统计和预算，通过什么样的技术和方法才能实施这一计划呢？

百思不得其解之后，严复又转回到斯宾塞的思路上，这恰恰是被赫胥黎所抨击的。

🌱 "犹抱琵琶半遮面"

严复在人口问题上，当然还是相信斯宾塞的社

会达尔文主义观点的。但是，为了避免"政治上不正确"，他羞羞答答地编了个"客说"的故事塞进了《天演论》，借用一个不知道叫什么名字的"议论者"的嘴说出来：有些事表面上看起来不人道，但是细想起来也许并非如此。比如，既然人口过多会引起竞争，并造成一部分人消亡，而死者又不全是坏人，那么为什么不先把坏人除去而把好人保留下来呢？

❧ 知易行难

"知易行难"这个成语的意思是说：认清一件事的道理比较容易，但真正做起来就困难得多了。严复紧接着在本节末尾的按语中也坦率地承认：认识和理解这位"议论者"所说的道理很容易，但要是实行起来恐怕非常难。他举了个例子：瑞典政府曾经要求夫妻结婚前必须经过政府的体格审查和批准才行，但是实施起来根本就行不通。赫胥黎在下一节就专门讨论实行优生优育的困难。

第八节
对人口优生优育进行人为
选择的困难

🌱 谁来选择？

在《写给孩子的物种起源》中，我们曾见过"人工选择像魔术师手中的魔棒"一样，一种野生甘蓝经过园丁们的选种培育，长出了卷心菜、大白菜、白花菜和西蓝花；而我们今天看到的形形色色的鸽子，都是从一种野生岩鸽经过驯化培育出来的。那么，这种选种择优的方法，能不能用在人类自身的"优生"和"优育"上呢？赫胥黎首先怀疑：谁有资格来进行选择呢？

❧ 马群里找伯乐

赫胥黎认为，把生物演化论用于人类社会，或是把人工选择用于人类自身，在很大程度上基于这样一种看法，那就是：可以在人群中找到像我们前面提到的那位智慧超群的殖民地行政长官一样的人。赫胥黎用了一个比喻来讽刺这种想法：让鸽子们成为自己的西布赖特爵士（Sir J. Sebright）。西布赖特爵士是达尔文在《物种起源》中提到的 19 世纪英国著名的农学家，尤其以擅长改良家畜家禽和培育鸽子而出名。让我们换一个中国的典故来代替这个讽刺比喻吧，那就是：让一群马成为挑选自己的伯乐。中国古代传说中，把天上管理马匹的神仙叫伯乐。而在人间，人们把善于鉴别好马与劣马的人，也称作伯乐。

❧ 不存在的"社会救世主们"

《国际歌》中有句歌词："从来就没有什么救世

主，也不靠神仙皇帝。"赫胥黎就把试图选择人类优劣的人们讽刺为"社会救世主们"，而他进一步讽刺说：对于那些爱做这类事的"社会救世主们"，他们产生这一想法本身，就说明他们没有多少智力，即使有那么一丁点儿智力，也早都出卖给了养活他们的资本家了。

❋ 从小看大，三岁知老？

中国有句俗话："从小看大，三岁知老。"从对孩子进行早期教育这点来说，这话是绝对没错的！但是，如果把这句话狭义地理解成：从一个三岁的孩子身上，就能看出他将来会如何如何，那纯粹是胡扯。

赫胥黎举例说，即使一位最会"看相"的人，假如给他 100 个 14 岁以下的少年儿童，让他来挑选哪些人今后对社会贡献巨大、哪些人长大以后会危害社会，恐怕他根本无法做出任何令人信服的选择。

严复也不得不承认赫胥黎的看法有道理，并且说，我们通常所做的育人育才工作，跟真正的"人工选择"还不是一码事。

既然人类中找不出一位先知先觉的人物或行政长官来择优选良，那么人类怎样使社会逐步完善呢？接下来让我们看看赫胥黎是怎样从蜜蜂那里找出答案的。

第九节
蜂巢里的原始共产主义社会

大家庭，小社会

社会性组织不是人类的专利。在自然界中，像人类这样群居的社会性动物，比较有名的还有蜜蜂和蚂蚁等。蜜蜂和蚂蚁都是成群地居住在一起，由蜂王（或蚁后）、雄蜂（或雄蚁）以及工蜂（或工蚁）组成"大家庭，小社会"式的社会性组织，这是由于它们在生存斗争中能够通过合作得到好处，经过长期自然选择而出现的。它们的社会性组织与人类社会既有很多相似的地方，也有一些明显的不同。

🌱 各尽所能，按需分配

我们这里以蜜蜂为例，看看蜜蜂这类的小社会是如何运作的。每个蜂巢是一个"大家庭，小社会"的独立单元，里面住着一只蜂王（也称作蜂后），负责产卵和繁殖后代，同时也是这个大家庭的家长、小社会的首领；雄蜂的主要职责是与蜂后交配，确保家族的延续；工蜂的职责是建造和扩大巢穴，采集花蜜和花粉，为大家提供食物，它们是辛勤的劳动者。蜂后、雄蜂和工蜂都享有分配给自己的充足的食物，个个也都努力完成自己所承担的任务和职责。在这个大家庭中，生存斗争是被严格限制的，大家齐心协力，为整个家庭作出贡献。赫胥黎戏称它们实现了"各尽所能，按需分配"的共产主义理想。

🌱 母系氏族制社会的原始共产主义

赫胥黎上面的说法，尽管有点儿逗笑的成分在里面，但事实上，蜂群与蚁群的社会形态还真算是原始共产主义形态呢，而且与人类原始社会早期的母系氏族制社会生活是很相似的。在人类的母系氏族制社会中，人们也没有私有财产观念，生产和生活资料也是大家所共有的；跟蜜蜂与蚂蚁一样，人们也是分工合作，共同劳动，平均分配。

❧ "不重生男重生女"

在母系氏族制社会中，劳动分工一般说来是"男主外、女主内"，即青壮年男子外出打猎、捕鱼，妇女留在住地附近采集果实、看护住所、缝衣做饭、照料老人和孩子等。由于采集果实一般比捕鱼打猎的收获稳定可靠，再加上妇女在生育上的特殊作用，使妇女在氏族中处于主导地位，而且氏族成员的世系也都是按照母系计算的。因此，这种社会形态被早期的美国人类学家摩尔根称为母系氏族制社会。

必须指出，类似蜂群、蚁群这种原始共产主义形态的人类母系氏族制社会，在人类历史上是否普遍存在过，国际考古学界对此一直表示怀疑。其实，聪明的赫胥黎也琢磨过这个问题呢！

同舟共济为求生

前面谈过，蜂群、蚁群以及人类母系氏族制社会的形成，是因为它们需要在严酷的自然环境里求生存，不允许自己"窝里斗"，必须团结一致与严峻的自然界以及其他物种进行生存斗争，确保整个群体的生存繁衍。这种需要促使它们中的每个成员都要履行自己的职责，为整体的利益齐心合力地工作，否则，大家都可能完蛋。

🌱 蜜蜂有感情会思考吗？

我们在《写给孩子的物种起源》中曾经讨论过，蜜蜂从蜂房中孵化出来之后，就会筑巢和采蜜，这来自它们的本能，是不需要通过学习实践就会干的。而且达尔文发现，这种本能是在长期的生存斗争中，经过严格的自然选择，累积和保存了每一步进化过程中适应变化的功能，最终演化而来的。那么，也许你们会问：蜜蜂有没有感情？它们究竟会不会思考呢？其实，赫胥黎也问过自己这个问题。他虽然并不知道这一问题的确切答案，但他认为：蜜蜂可能只具有一些最初级的意识（比如群体意识）和知觉，还不大可能会有比较复杂的思想和感情。

✤ 人类感情丰富爱动脑子

对上面的问题，赫胥黎还有个有趣的设想：假如蜂群中真的出现一只会思考的蜜蜂的话，那它肯定是一只雄蜂——因为蜂后和工蜂都非常忙碌，是没有时间去思考问题的。这只雄蜂经过思考后，一定会公正地说，工蜂毕生辛勤劳动、任劳任怨，除了出自本能之外，是无法解释的！

人类可大不相同啦！我们知道，人有喜怒哀乐，而且有事没事都爱思考问题，有时候还挺爱钻牛角尖呢。比如，人类竟能搞清楚分工合作的蜜蜂是怎样确定它们各自的"身份"的。

🌱 蜜蜂一出生，命运定终身

蜂王在产卵那一瞬间，就决定了这颗卵未来的"身份"以及它终身的命运。如果这颗卵产在空间较大的巢房中，蜂王体内的储精囊不会受到挤压、也就不会释放出精子，卵通过产卵管时便不会受精，以后就发育成为雄蜂。如果这颗卵产在空间较小的巢房中，蜂王腹部的储精囊受到挤压，就会释放出精子与卵结合，形成受精卵，便发育成了工蜂。同样是受精卵，如果它产在王台中，被富含蛋白质、维生素和生物激素的蜂王浆所滋养，就会发育成新的蜂王。

让我们来复习一下第五节至第九节的要点

我前面已经说过，严复翻译的《天演论》把赫胥黎原著《进化论与伦理学》的第一节分成三节，因此，我这里所说的第五节至第九节是赫胥黎原著《进化论与伦理学》里的分节，在严复的《天演论》

里则是第七节至第十一节。在第五节和第六节两节中，赫胥黎把新开辟的殖民地与人工园地作对比，指出它们之间的相似性。他还指出，为了把殖民地建成伊甸园，必须有一位能力超群的行政长官，像园丁打理园地那样来管理殖民地。在第七节和第八节两节中，赫胥黎指出，伊甸园内有条毒蛇——人口迅速和无限的增长。人口过剩必然引发人们对生产与生活资料的竞争，从而威胁这个安定团结的和谐社会。然而，控制人口增长却是个不好解决的大难题。在第九节里，赫胥黎试图从蜂群社会那里去寻找启示。

❀ 赫胥黎告诉我们

1. 不能指望单靠人类本身会有足够的智慧来选择最适合的生存者。

2. 不能把生物进化原理简单地应用于人类社会。

3. 人类与蜂群的不同在于蜂类的社会分工是与生俱来、出自本能的，而人类却感情丰富、勤于思考。

❦ 类似蜂群社会的井田制

在讨论人类社会与蜂群社会的相似性时，严复替赫胥黎补充了一个很有意思的类比：严复觉得蜂群社会外表上很像古代曾实行过的井田制，两者有着相似的管理格局。在井田里辛勤劳作的农夫，还真有点儿像蜂巢中劳作的工蜂呢！据说，孟子所主张的井田说与分工论，也是寄托了他建立乌托邦的理想，这与孔子的"有国有家者，不患寡而患不均"（意思是：有国有家的人，不担心分的少，而是担心分配得不均匀）的思想是一致的。按照赫胥黎的话说，就是要尽力消除社会内部的生存斗争，以便与大自然以及其他物类作斗争，这既是蜜蜂的合群之道，也是我们前面谈到的那位殖民地行政长官所推行的管理方式。

然而，人类毕竟与蜜蜂不同，人类社会也不可能与动物社会一样。由于人类的自私和贪婪，想在人类社会中推行像蜂群社会那样绝对的分工和平均分配，是很难实现的。

第十节
人类社会与动物社会的区别

蜂群与人群的根本差别是什么？

前面谈到蜜蜂一出生，它的身份和工种就被预先确定了。此外，在长期演化过程中，它的形体器官结构也变得只适合于完成它的工种所从事的特定工作了。每个成员都根据它的本能尽职终身，蜂群社会内部不会产生对抗和斗争。而人类社会就完全不同了，我们每个人出生的时候，没有谁规定以后我们只能干什么工作，不能说某个人只适合当官而另一个人只能做老百姓。由于人们一般都只想做自己喜欢的工作，人与人之间的竞争是不可避免的。

🌿 为什么父母不让孩子输在起跑线上?

正因为如此,我们现在常常会听到年轻的父母们说:不能让自己的孩子输在起跑线上。原因很简单,现代社会发展更快,竞争也更加激烈。科技的迅速发展,使职业的分工更细、更专门化,而不同职业之间的工作强度和报酬差别巨大。望子成龙的父母很自然地希望自己的孩子长大后,能够得到一份相对体面、轻松、高收入的工作,这是人之常情,是可以理解的。然而,通常这类工作需要具有良好的教育背景,因此家长从娃娃抓起,教育孩子从小就要努力学习,以便日后能考上名牌大学及好的专业,毕业后可望找到称心如意的工作。

🌿 什么叫私心?

东汉时有个大官叫第五伦,是当时人们公认的廉洁奉公的好干部。有人曾好奇地问他:"您究竟有没有私心?"他笑了笑回答说:"有个朋友曾经要送我一匹好马,我虽然没有接受,可是后来选拔干部时，我心里总是想着他，尽管我并没有推荐他。另外，我侄子生病时，我跑去看他很多次，可是回到家后，我晚上照样能安安稳稳地睡着觉。当我自己的儿子生病时，我虽然没去看他，可是却整夜睡不着觉。你说我有没有私心呢？"

由于人人都有私心，所以前面提到的母系氏族制社会的原始共产主义社会，就不可能广泛和持久。

❀ 私心的两面性

赫胥黎说，尽管人们在智力水平、感情强烈与感觉灵敏程度等方面各不相同，但有一个天赋的共同点，即他们都贪图享乐，并且总是先为自己打算，后为他人着想。人类从猿类祖先那里遗传下来的这种"自行其是"的自私倾向，是他们在长期严峻的生存斗争中取胜的基本条件之一。但是，如果由着它在人类社会内部不受限制地自由发展的话，也就会成为破坏社会安定团结的必然因素。这真是：成也出自私心，败也出自私心。

究竟是"人之初性本善"，还是"人之初性本恶"？

《三字经》开篇就说："人之初，性本善。性相近，习相远。"意思是，人在刚出生时，本性都是善良的，性情也差不多。后来每个人受到不同成长环境的影响，各自的习性自然也就会相差越来越大了。按照这种说法，人性中不善良与不美好的东西，是在后天成长过程中滋生出来的。可是，西方基督教的教义却认为，人是有原罪的（即人性原本是凶恶的），也就是说"人之初，性本恶"。

赫胥黎和严复也都认为，在从兽类进化到人类的漫长进程中，生存斗争与自然选择一刻都没有停止过，人类在同其他物种的生存竞争中取胜，并走到兴旺发达的今天，是由于人类特别适合于自我营生，而这当然是受到自私自利的驱动。原始人从兽类祖先那里继承了自私、贪生以及贪得无厌、追求享乐等天赋欲望。

这个问题在科学界也是长期争论的问题，也就是 nature（先天遗传的天然人格）与 nurture（后天培养的人为人格）之间的争论。总的说来，争论的结果现在是先天遗传论占上风，但后天环境影响的因素也很重要。

🌱 人类有私欲，但人性有亮点

从以上讨论我们可以看出：在人类起源和演化进程中，生存斗争和自然选择塑造了人类天赋的求生欲望和贪图享乐的私欲，使得他们在与自然界以及其他物种的斗争中获得了成功。因此，从天然人格上来说，世界上没有一个人真正是彻底"无私"的。但是，人类虽然起源于动物，却又不同于其他动物物种，在过群居生活的灵长类动物中，人类是比较成功的社会性物种。这是因为人类具有独特的智慧和感情等人性亮点，他们为了自身的生存和福祉，很多时候需要克制和战胜身上的原始私欲，限制和消除内部斗争，与社会其他成员达成合作，取得双赢。

❀ 合群者兴，离群者衰

前不久，哈佛大学一个研究团队发布了一项长达75年持续进行的"人生全程心理健康研究"成果。他们对很多人从青少年时期一直追踪到老年，看什么东西真正能使人们保持幸福和健康。他们发现：是人与人之间的良好关系（尤其是家庭成员之间的亲情）。

合群对人们的健康和幸福非常有益，而孤独却十分有害。研究表明，与家庭、朋友和周围人群相处密切、和谐的人，比那些不大合群的人活得更幸福，身体更健康，寿命更长。

人为人格的培育

既然限制人类社会成员之间的生存竞争，提高了整体对外竞争的效率，也提高了个人的健康水平和幸福指数，那么自然选择便会保存合群的倾向。一个人要想被群体的其他成员接纳和善待，就不能过于"自行其是"，不能太自私，必须在乎群体的福利。人类对子女的宠爱以及对儿童的泛爱，闪烁着人为人格的光辉。

❧ "回眸时看小於菟"

人类有较长的哺乳期以及漫长的幼童保育期，大大加强了亲子（父母与子女）之间的感情纽带，因此，人类的亲子互爱通常是很强烈的。鲁迅先生的一首小诗就形象地反映了这种现象："无情未必真豪杰，怜子如何不丈夫？知否兴风狂啸者，回眸时看小於菟。"鲁迅48岁时中年得子，对儿子非常宠爱，有人背后说闲话，他写了这首诗作答。意思是说，无情无义不一定就是真正的英雄豪杰，疼爱儿子怎么就不是大丈夫了呢？连那树林中狂啸的老虎，都知道一步三回头地看着窝里的虎崽儿呢。

人们通常还会把这种爱子之心延伸到对儿童的泛爱。在电影《泰坦尼克号》中，我们看到在沉船之前，人们让妇女儿童先上救生艇逃生，就体现了这种爱心。

✿ 人类是感情动物

除了对幼童的慈爱之心以外，人类还有许多其他动物所没有的独特情感。比如，人对身边发生的事，不会视而不见、充耳不闻，对周围的其他人的喜怒哀乐，也不会无动于衷。人最善于模仿，从刻画各种物体的形态产生了绘画，从模拟他人的仪容心态发展出戏剧，通过模仿各种声音而产生的音乐，竟能表达人类最复杂、最隐秘、最深切的情感。

李商隐诗句中的"心有灵犀一点通"，形象地说明了人与人之间的心灵感应、情愫互通。这种思想情感接近、彼此心意相通的现象，通常还表现在人类所普遍具有的同情心上。

✿ "听书掉泪，为古人担忧"

我像你们这么大的时候，还没有网络，连电视机也不普遍。那时收听收音机里的评书节目，是我小时候的娱乐方式之一。往往听到动情的地方，竟会感动得流泪。现在你们看电影、看电视，因为有画面和背景音乐，这类感情或许会更加强烈。赫胥黎说，同情心使我们亲切得出奇。这就是人类区别于动物的地方。

其实，比这种纯粹反射的同情心（sympathy）更进一步的是，人类还常常能够"将心比心"（empathy）。

"己所不欲，勿施于人"

我们知道"己所不欲，勿施于人"这句话出自《论语》，是孔夫子教导他的学生的话，意思是说，自己不喜欢的东西，也不要强加给别人。显然，我们要想跟周围的人和睦相处，牢记这一点是非常重要的。在英语中，这就叫 empathy（设身处地、将心比心的意思），是跟同情心（sympathy）有所区别的一个词。

❧ 相互尊重，平等待人

人类社会不同于自然界。自然界遵循的是"大鱼吃小鱼"、以强凌弱的丛林法则，而在人类社会中，人们必须要自我约束，学会将心比心地换位思考。赫胥黎举了两个例子说明这一点。

尽管传说中有冷静、理智的古代贤人，他们会对舆论毫不在乎，对待敌意能泰然处之，但是，面对街头孩子的故意藐视心里却一点儿也不发火的贤人，在现实生活中是很难找到的。

《圣经》中说道，当埃及的哈曼将军进出宫门时，见到坐在王宫门口的犹太人摩的开对他非常傲慢无礼，既不给他行礼，也不站起来，心里非常窝火，恨不得要把摩的开送到绞刑架上绞死。

这同时也暴露了人性是多么懦弱啊。

❧ "知耻近乎勇"

赫胥黎还指出，只要观察一下我们的周围，便会发现所谓"人言可畏"。也就是说，人们常常不太畏惧法律的约束，却很在乎同伴的舆论。比如，有时人们会说某人干了见不得人的勾当，就是指某人背着人们做了些不光彩的事，因此，事实上传统的荣誉感和羞耻心约束了一些违法或不道德的行为，这种约束力有时甚至比法令的约束力还强。

美国文化人类学学者鲁思·本尼迪克特的名著《菊与刀》，曾描绘了"知耻"这一约束力在日本人身上的巨大作用，深刻地揭示了日本人的矛盾性格。正像赫胥黎所指出的那样，人们宁可忍受肉体上的极大痛苦坚强地活着，而羞耻心却会导致一些软弱的人自杀。

"要留清白在人间"

同样，明朝清官于谦曾写过一首《石灰吟》："千锤万凿出深山，烈火焚烧若等闲。粉身碎骨浑不怕，要留清白在人间。"他在诗中自比宁愿像石灰石那样被烧成石灰粉，也要立志做一个纯洁清白的人。

前面提到过，人类除了具有天然人格之外，还有一种后天建立起来的人为人格。亚当·斯密将它称作"良心",严复称它为"天良",它是保护社会健康肌体的看守人,负责约束自然人"自行其是"的私欲。

第十一节
伦理过程与自然过程的对抗

人为人格跟天然人格的抗争

我们在前面曾讲过，为了防止花园的美景被大自然的力量所破坏，园丁要不断地跟自然界作斗争。同样，我们所培养的人为人格也要经常跟我们身上充满私欲的天然人格进行抗争。由原始的同情心进化成有良知的人为人格的这一过程，赫胥黎称它为伦理过程。这一伦理过程倾向于抑制人类身上的天赋"兽性"，削弱人类内部的生存斗争，从而增强对自然界的抗争力。

伦理过程不能矫枉过正

赫胥黎前面曾指出，人类的天然人格使他们在同其他物种的生存竞争中取胜，但为了人类社会内部的和谐，他们必须压抑天然人格（即自行其是）的膨胀，培养自我约束的人为人格。但是凡事都得有个"度"，如果过度抑制甚至于完全消除天然人格的话，那就是"矫枉过正"，同样也会对社会起破坏作用。因此，伦理过程有个界点，那就是：每个人都有自己的自由，但每个人的自由不能妨害他人的自由以及整个社会的和谐。

过犹不及的"恕道"

"恕"就是饶恕，是一种宽容精神。恕道精神是儒家的传统精神，前面谈到的"己所不欲，勿施于人"便是恕道的基本精神。赫胥黎说，尽管理想社会中人与人的关系奉行"己所不欲，勿施于人"的原则，但如果做过头了的话，也会出问题。

比如，罪犯的最大愿望是逃脱惩罚。假如我把自己放在一个抢劫过我的人的位置上来考虑问题的话，那么我最迫切的愿望就是不被抓住、不被罚款或坐牢。假如把我放在打我一边脸的那个人的位置上，那么他没有更重地打我另一边脸，就算是对我手下留情、放我一马了，他也许觉得我就该为此而感到庆幸了。

同样，如果园丁老是把自己放在杂草、鸟兽以及其他入侵者的位置上来考虑问题的话，那么园地将会变成什么样子呢？

 小贴士

孔子的学生子贡有一次问孔子，子张和子夏两人之间，谁更贤明一些？孔子说，子张常常超过周礼的要求，子夏则常常达不到周礼的要求。子贡又问，子张能超过要求不是更好吗？孔子说，超过了和达不到要求，有时候实际上的效果是一样的。这就是"过犹不及"的典故。

✦ 严复按语

严复不同意赫胥黎所阐述的伦理过程与自然过程的对抗性。他认为赫胥黎的观点过于狭隘，他更崇尚斯宾塞的学说，认为社会本身就是一个生物体，人类人为人格的出现，是人类适应自然界的结

果，这一过程与自然过程是和谐对应的。对严复和斯宾塞来说，社会进化与生物进化完全是一码事。显然，他们的这种观点是不能自圆其说的。如果人类社会也像动物界那样奉行弱肉强食的丛林法则的话，哪里还有什么怜悯、同情、道德、正义可言呢？又怎么能进化出道德伦理观念呢？

医学成了妖术？

其实，赫胥黎在书中已经对斯宾塞的上述观点做了辛辣的讽刺：有些人老想消除人类中的弱者、不幸者和多余者，并用"适者生存"为这种行为辩护，声称这是人类社会进步的唯一途径。按照这种逻辑，那些治疗病人、护理弱者的医务人员，岂不成了"不适于生存者"的恶意的保护人了吗？医学不也就成了妖术了吗？

赫胥黎进一步讽刺这些人终生都在培育一种抑制自然感情和同情心的"高贵"技艺。人类如果没有自然感情和同情心的话，就会没有良知和自我约束，剩下的只是自私自利和尔虞我诈。这样的社会将会陷入无休止的战争和动乱之中，哪里还会有什么人类社会进步可言呢？

❧ 20世纪的世界历史验证了赫胥黎的论断

《进化论与伦理学》发表后的100多年间，人类社会经历了两次世界大战以及无数次区域性的战争和冲突。今天我们回顾一下20世纪的世界历史，不得不佩服赫胥黎的先见之明。

正如赫胥黎在《进化论与伦理学》的序言最后所说的，每一个来到这个世界上的人，都需要发现一条在"自行其是"与"自我约束"之间适合自己气质与环境条件的中庸之道。也就是说，既要努力奋斗、积极向上，又不要做损人利己、坑害别人的事。

第十二节
社会进化与生物进化的区别

🌱 什么叫社会进化？

"社会进化"通常是指人类社会文明进程中的变化。赫胥黎认为，它跟自然界中物种演化的过程是完全不同的。此外，它跟人工选择产生变种的演化过程也不一样。在本节中，赫胥黎以英国自 15 世纪末到 19 世纪末 400 年间的社会演化进程为例，讲述了英国近代史上的社会进化，阐明了这一过程与生物进化过程没有任何相似之处。

🌱 "江山易改，本性难移"

赫胥黎首先指出，英国社会自都铎王朝以来，已经发生了翻天覆地的变化，但是它的臣民，无论在体质上还是在精神上，并没有发生什么显著的变化。今天的英国人跟莎士比亚笔下所描写的英国人，也没有什么明显的区别。我们从他那伊丽莎白时代的魔术镜中，依然可以清晰地看到现今英国人的面目。

这就是说，社会进化是异常缓慢的，尤其是人为人格的教化和培育，犹如淅淅沥沥的春雨一般，"润物细无声"。

都铎王朝是 1485—1603 年间统治英国的王朝。这一王朝是以英王亨利·都铎的名字命名的，亨利·都铎又称为亨利七世。都铎王朝的第五位（也是最后一位）君主，是伊丽莎白一世。她也是位名义上的英国女王。由于她一生未婚，因此又被称为"童贞女王"（The Virgin Queen）。

社会进化不同于生物演化

我们知道，生物演化的动力是生存斗争，途径是自然选择。然而，从伊丽莎白王朝到维多利亚王朝的 300 年间，英国除发生了一两次短暂的内战之外，人与人之间的生存斗争在大多数臣民中基本上是不存在的。此外，通过法律手段防止遗传性犯罪倾向的扩展（即不让罪犯留下后代的"人工选择"方式），也基本上起不到什么选择作用。首先，因犯罪而被处死或长期坐牢的人是极少数的，况且他们在被绳之以法之前有可能已经生儿育女了。

更重要的是，在多数情况下，犯罪与遗传关系也不大，而常常受环境的影响更大。有些先天品性的好与坏，还要看后天环境的"催化"和诱导。比如，"不怕死"的品性若是放在军人身上，则是立战功的好素质；铤而走险的冒险精神对于金融家来说是不可缺少的。这就好像阴沟里的脏水，弄到衣物上去，当然是一件不愉快的事，但如果浇到园地里去，则是好肥料。

第十三节
人类社会中的生存竞争

🌱 人类社会生存竞争与自然界生存斗争的区别

人们常用鹿和狼的赛跑，来描述自然界的生存斗争：狼要是追不上鹿的话，它可能面临饥饿甚至饿死；鹿要是跑不过狼的话，它就会丢掉小命。但是，人类社会中的生存竞争，更多的是为了获取享受资源（高官厚禄、荣华富贵），而不仅仅是为了取得生存资料（基本温饱），这跟自然界的生存斗争有着本质上的区别。

🌱 两头小，中间大

按照赫胥黎的估算，在当时的英国总人口中，居于社会上层的竞争优胜者占不到 2％，而处在社会底层的竞争失败者也不会超出 5％。后一部分人整日在贫困线上挣扎，连温饱都很难得到保证，根本不可能像另外95％的人那样有闲心去关心选举或参政。显然，如果社会不能进步，不应该怪罪这部分人。

假设在1000只羊中挑出最差的50只，把它们放到贫瘠的土地上，等那些最弱的饿死之后，再把幸存的羊放回到原来的羊群中，按这个比喻，上面所讲的英国人中那5％的失败者，就像这些幸存的羊，其实既不是最弱者，也不是最劣者。

❧ 优胜者大多不是"最适者"

在获取享受资源的竞争中，取得成功的特质包括充沛的活力、勤勉敬业、机智顽强、具有团队精神等等。一般说来，在公正的社会竞争机制下，具有上述特质的人们便能够脱颖而出，成为竞争中的胜利者。他们也是组成当时英国社会的大部分人（总人口的95％）。这些人中的大部分并非爬到了最上层的那2％的"最适者"，而是中不溜的"适者"大众。他们的百分比应该是95％减去2％，相当于总人口的 93％。显然，他们在数量上已大大超过了那些"最适者"。

与斯宾塞的观点针锋相对，赫胥黎在本节中，用生动的比喻，反驳了斯宾塞的"最适者生存"的社会达尔文主义观点。他令人信服地阐明：1. 占英国总人口 5％的社会底层的竞争失败者，并不全是最弱者和最劣者；2. 占英国总人口 93％的竞争胜利者，大部分也不是"最适者"。

因此，人类社会中的生存竞争与自然界的生存斗争，不仅性质不同、途径不同，过程也不同，绝不能把生物演化规律生搬硬套地运用到社会学领域中去。接下来，我们看看摆在我们人类面前的使命是什么。

第十四节
人类所面临的挑战

与园艺过程再作一对比

　　我们在前面曾讨论过，园丁照料花园主要有两个任务：一是阻止外部自然力的破坏，为园中植物创造一个人为的、适宜的生长环境；二是剔除不好的品种，选育良种繁衍。在人类社会中，像园艺选种那样的人工选择，在实际上和伦理上都很难行得通。因此，社会进化主要靠发挥园丁在园艺中的前一种功能，即构建一个公平、正义、和谐的社会，使公民的天赋能力在与公共利益一致的前提下，能够得到充分的发挥与自由的发展，从而使整个社会走向繁荣和进步。

✿ 与天斗、与地斗、与人斗

人类与社会外部的自然状态的生存斗争会一直持续下去，因此与天斗、与地斗是毫无疑问的。除非整个人类都生活在一个完全公正的大同世界之中，国与国之间的争端有时是难以避免的，也自然会引起两国人民之间的争斗。人口过度增长，依然会引起人群内部的生存竞争。与人斗的可能性也依然存在。但是，我们的目标是要把与人斗降低到最低限度。

✿ 与己斗

人类的祖先在自然界的生存斗争中曾经打过很多漂亮仗，用很不仁慈的手段击败了许多竞争对手。虽然经过长期的演化，但是我们祖先身上的原罪（即恶的本性），在我们身上并没有消失。因此，我们必须时时与自己身上的"兽性"作斗争。

我们知道，当婴儿呱呱落地之时，就已继承了这些私心和私欲。你看很小的孩子对他喜欢的东西

（比如糖果或玩具），就有很强烈的占有欲。孔融让梨的故事，就是教育孩子从小就要培养分享和谦让的优良品德，是反对我们有贪婪的本性的。

我们也知道，进行"自我约束"和断绝私欲，并不是一件很幸福的事。比如，让你把你的玩具给别的孩子玩、把你的糖果或饼干分给其他孩子，你心里肯定不乐意。但我们同时必须明白这个道理：当你长大之后，你不可能总是一个人独处，你必须要跟周围的人打交道，如何能抑制住自己的私欲，是能与人和睦相处的关键，从一定程度上也决定了你将来在事业上的成功或失败。

❧ 真善美使人幸福

说到底，一个太自私的人，是不会感到幸福的。只有追求真善美的人，才能获得内心的安宁与欢愉。大家都向这一方向努力的话，人类社会才能走向日益美好的境界。

让我们来复习一下第十节至第十四节的要点

❧ 剥洋葱式的论证

在这五节中，赫胥黎像剥洋葱一样，层层递进地阐明了人类社会与动物社会的差异、人为人格与天然人格的区别、社会进化与生物进化的不同、人类生存竞争与生物生存斗争的差别，认为不能把生物演化的规律生搬硬套地运用到社会学领域中去，令人信服地批评了斯宾塞的社会达尔文主义观点。他还论证了伦理过程与自然过程的对抗，阐述了人类社会的生存竞争以及摆在人类面前的任务。

❧ 赫胥黎强调

· 在人类起源和演化进程中，生存斗争和自然选择塑造了人类天赋的求生欲望和贪图享乐的私欲（即天然人格），使得他们在与自然界以及其他物种的斗争中获得了成功。

· 人类虽然起源于动物，却又不同于其他动物物种。人类具有独特的智慧和感情等人性亮点，他们为了自身的生存和福祉，必须压抑天然人格（即自行其是）的膨胀、培养自我约束的人为人格。

· 每个人都需要找到一条在"自行其是"与"自我约束"之间适合自己气质与环境条件的中庸之道。也就是说，既要努力奋斗、积极向上，又不要做损人利己的事。

为什么要做一个善良的人？

赫胥黎着重指出，人类社会中的生存竞争与自然界的生存斗争，不仅性质不同、途径不同，过程也不同，绝不能把生物演化规律生搬硬套地运用到社会学领域中去。在人类社会中，我们必须培养追求真善美的"人为人格"。当然，这并不是一件很容易的事。

在本书的后半部分，让我们跟着赫胥黎老爷爷去了解自古希腊以来，东、西方文明中伦理学的起源和发展吧。

第十五节
进化论与伦理学的矛盾

⚘ 《杰克与豆秆》的启示

在本书的前半部分中，赫胥黎明确地指出了生物演化与人类社会进化的不同；在本书的后半部分，从本节起，他引领我们追溯东西方不同社会中道德伦理观念起源和演化的历史，进一步说明生物演化论与人类社会伦理学是"两股道上跑的车"，两者之间根本没有什么关联。首先，他用《杰克与豆秆》的童话故事做比喻，说明从探讨进化论到谈论伦理学，就像杰克顺着那颗魔豆的豆秆爬到了另一个神奇的世界和奇妙的境地。

⚘ 种豆得豆的感悟

前面我曾谈到过赫胥黎老爷爷特爱奇思怪想，

可不是吗？他在提到《杰克与豆秆》的故事时，又突然联想到：哪怕是种一颗普通的豆子（不是童话故事中的那颗魔豆），也是一种多么奇妙的体验啊！事实上，我们日常见到的许多东西，如果不仔细观察的话，就不会感到新奇和惊异。可是，像牛顿、爱因斯坦、达尔文、赫胥黎这样的大科学家就不一样，他们对世间的一切都充满了好奇心，他们会认真地去观察外表上看似很平常的现象，然后从中找出事物内在的规律。

你不妨也种一颗豆子试试看，去亲自体验一下赫胥黎老爷爷的神奇感悟吧。

小贴士

《杰克与豆秆》是著名的英国童话故事，也被译作《杰克与魔豆》。我想，你们一定读过这本书。

🌱 试着种颗豆子吧

请你爸爸或妈妈帮忙，找出一颗豆子，种在地里或花盆里。只要土中有一定的水分和肥料，温度也适当，它就会显露出惊人的活力。不久，就会有一棵小青苗破土而出，它的根须埋在土里，青苗慢慢地变成枝干（即豆秆）和花叶，经过一系列的变化，就会结出豆荚。这些变化是缓慢、不起眼的，不像童话故事里那样神奇，它不会一个劲儿地往上疯长，不会直达云霄。它的叶子也不会伸展成巨大的华盖，你也不能站到叶子上或顺着豆秆爬上天。

尽管如此，如果你每天仔细观察它的话，也会觉得非常有意思。这棵小豆苗以你察觉不到的步骤，按部就班地慢慢长大，成了由根、茎、叶、花和果实（豆荚）组成的植物。这些器官配备完整、分工不同：根茎用来吸收土壤中的养料；叶子内的叶绿素用来吸收阳光，帮助分解空气中的二氧化碳成为养分。而且每一器官从里到外都由复杂精致的结构组成，不停地工作，执行生物体的各项功能。

更为神奇的是，你会发现：在你栽种的这颗豆子苗壮成长、开花结果之后，却迅速地走向下坡路。除了你收获的果实（即新豆子）之外，叶子很快就枯黄、凋落了，枝干也枯萎了。这活像是刚刚盖起来的高楼大厦却轰然倒塌了。这是怎么回事呢？

🌱 什么叫"宇宙过程"？

我们知道，新收获的豆子，就像你最初种下的那颗豆子一样，既是果实也是种子，它的内部储藏着养料与能量。赫胥黎将种子胚芽扩展为成长的植物的过程，比喻为打开一把折扇或是一条奔腾扩展的河流，它是个发展与进化的过程。而豆子植株在结果之后的凋残，就像打开的折扇又合起来，或是像河流流入大海而"消失"一样，是一个循环进化的过程。

换句话说，种豆子的过程是从豆种这一比较简单和能量潜伏的状态，过渡到植株那样呈现出根茎枝叶高度分化的类型，然后又回到收获的果实（即豆子）这一比较简单和能量潜伏的状态。生命过程表现出的这种循环进化，跟"月有阴晴圆缺"一样，被赫胥黎称作"宇宙过程"。

宇宙是不断变化的

我们在第一节"大自然的演变与生物演化的原理"中，已经讨论过宇宙是不断变化的，"人不能两次踏入同一条河流"。我们通过上面"种豆得豆"的经验，进一步认识到宇宙过程表现出的循环进化。由此看来，宇宙最明显的属性就是它的不稳定性——一切都在变化之中。

走进一个神奇的世界

从某种意义上说，现在我们也已经顺着你种的那颗豆子的豆秆，攀登到了一个神奇的世界——在这里，原来普通而常见的"种豆得豆"的现象，变得十分新奇。

赫胥黎老爷爷的这番奇思怪想，引导我们去探索"宇宙过程"，这是人类最高智慧的表现。就像杰克用智慧战胜了追赶他的巨人一样，人类因为有思想、有智慧，因此在演化过程中战胜了那些没有思想的所有生物物种，而成为它们的主宰。在人类没有开化的时候，人靠着与猿猴和虎狼所共有的那些特性，加上自己所特有的思想和智慧以及特殊的体质结构，靠着人的灵巧、好奇心和模仿力，靠着他们成群结伙的社会性，简直是无往而不胜。

❧ 人类成了自己成功的牺牲品

人类从无政府状态进入有组织社会之后，文明程度大大提高了，上面所说的那些在自然界生存斗争中曾经有用的人类特质，在社会人群内部反而变成了缺陷。你会喜欢那些有虎狼性格、凶残狡猾的人生活在你周围吗？事实上，文明社会把这类人看作坏人甚至罪犯，并制定各种刑律来制裁和惩罚他们。这就是人类社会中生存斗争与伦理观念之间的冲突。

第十六节
生存斗争与伦理观念的冲突

伦理观念的形成

在本节中，我们要讨论人类"忧患"的产生过程以及伦理观念的形成。俗话说，"衣食足，知荣辱"，我们前面谈过人类的生存竞争主要表现在占有享受资源（高官厚禄、荣华富贵）上，而不是像自然界生存斗争那样，是为了争夺生存资料。此外，人是有同情心和羞耻感的。人的同情心和羞耻感是伦理观念形成的基础，也是来源于人类的思想情感。

人有思想忧患始

苏东坡的诗句"人生识字忧患始"，是指人生的忧愁苦难是从读书识字开始的。因为一个人识字以后，从书中增长了见识，对周围事物就不再会无动于衷了。其实，人生的忧愁苦难是在人有了思想、脱离了动物界之后就开始的。因为人类具有思想情感，便产生了同情心和羞耻感；有了同情心，就不会对别人的苦难无动于衷；有了羞耻感，就不会对自己伤害别人的行为心安理得。事实上，这跟一个人识了多少字、读了多少书，并没有必然的联系。斗大的字识不了一箩筐的文盲们，同样会有强烈的忧患意识和荣辱观念；而文化人中，也有一些无耻的小人。

❧ 什么是伦理观念？

伦理观念为我们提供理性的生活准则，告诉我们什么是正确的行为以及为什么它是正确的行为。比如，在幼儿园里，老师就教育我们要与周围的小朋友们分享玩具，不要自己一个人独霸着，不让别人碰。在家里，爸爸妈妈也经常告诉我们到了外面什么该做，什么不该做。总之，要养成有礼貌、和善谦让的习惯，跟周围的人能和睦相处，不要做损人利己的事，变成大家都不喜欢的"孤家寡人"（没有朋友的"孤魂"和"刺儿头"）。

✿ "助人为乐"与"害人如害己"

"助人为乐"，通常是指以帮助他人为快乐。其实，帮助他人本身就是件快乐的事。

相反，"害人如害己"。有个寓言故事说：一只青蛙特不待见自己的邻居老鼠，总想找机会教训它一顿。有一天，青蛙找老鼠去游泳。老鼠怕水，青蛙说："别怕，我用绳子跟你拴在一块儿，不会淹着你的。"老鼠同意试试看。谁知下水以后，青蛙时而浮游，时而潜泳，害得老鼠灌了一肚子水，被淹死了，漂在水面上。恰巧空中飞过一只老鹰，肚子正饿得慌，就抓起了老鼠，同时把绳子另一头的青蛙也带了出来。结果，它们统统被吃掉了。

显然，生物界的生存斗争与人类的伦理原则是格格不入的。

第十七节
古代的伦理思想与
宗教的起源

✿ 古代伦理思想的萌芽

杰克又从豆秆上爬了下来，回到了人间的普通世界里，他发现：这里不同于天堂上的仙境，丑恶的人比美丽的公主更为常见。在这里，工作与生活都很艰苦，而且与自身私欲的搏斗，比跟巨人的斗争更艰巨、更持久。千百年来，古人早在我们之前，也曾面临过类似的难题。古代的贤人和先哲们，也懂得宇宙过程就是进化，并知道这一过程中充满了神奇，也伴随着痛苦。他们也曾试图用道德伦理来教化民众，以求解脱人们的痛苦和烦恼。其实，这就是人类告别动物界的过程，也是人类文明的进程。

什么是"文明"?

我们常说要讲文明、讲礼貌，你们有没有问过这样一个问题：到底什么是文明呀？

文明的定义表面上看起来很复杂，而且不同的学科（比如历史学、社会学、考古学等）对文明的定义也不完全相同，但最重要的一点是共同的：文明与野蛮是对立的。

人类从最初的野蛮状态达到现在的文明状态，中间经历了好几百万年漫长的时间。而这期间的大部分时间里，人类仍处在野蛮或半开化的状态中，直到文字出现，才进入了文明时代。

文明的代价

世上没有免费的午餐，人类进入文明时代，在享受社会文明成果的同时，也付出了很高的代价。

人类处于游猎阶段时，晚饭吃什么取决于当天能否捕获到猎物，那时的人们饥一顿、饱一顿，为填饱肚子而整日奔波。进入农耕社会之后，食物开始有了稳定的来源；到了生活富裕的今天，太多的快餐店、过剩的营养，给人类带来了许多"富贵病"，比如肥胖症及心血管疾病等。同时，由于文明进步、生物科学与医学的进展，人类寿命大大延长了，因而人生的老年阶段也随之延长，老年疾病折磨着许多老人，并且连带着拖累了很多家庭。此外，人类对物质文明的不懈追求，污染、破坏了自然环境，比如由此引起的沙尘暴和雾霾，也给人们带来极大的困扰。

从精神方面来说，社会文明程度越高，人们受教育程度也越高，文化也就越高。像前面提到过的"人生识字忧患始"，这样一来，人们所体验与思考的东西也越来越多。这种感觉的磨炼与感情的丰富，既给人们带来了许多快乐，也带来了不少忧虑、痛苦甚至恐惧。那么，人们怎样试图去缓解和排除这些痛苦呢？

古典哲学与宗教的兴起

古希腊有位著名的哲学家叫苏格拉底，传说他有位凶悍的老婆，常常跟他胡搅蛮缠，还会无理谩骂他，甚至有一次在大骂他之后，还往他头上泼了一盆水。据说，邻居都看不下去了，问苏格拉底为什么听凭老婆这样无礼却不发火，他自我解嘲地说："一阵雷电之后就会有一场倾盆大雨，这是符合自然规律的。"

苏格拉底还有一句劝男人成家的名言：还是结婚吧。如果你找到个贤惠的妻子，你会很幸福；若是找的老婆是悍妇的话，你会成为一个伟大的哲学家。

苏格拉底的这番话，真可以说是夫子自道。同时，也从一个方面说明，痛苦与忧患有时确实能促进人们的哲学思辨和宗教想象力。

🌱 乱世兴学

大约 2500 年前，是中国的春秋战国时期，也是产生中国诸子百家的时代，涌现了我们耳熟能详的孔子、孟子、老子、庄子、墨子、荀子等。差不多同时，印度有释迦牟尼，在西方则有古希腊的很多著名的哲学家。东西方古代的伦理体系就是在这个时期形成的。在《天演论》余下的章节里，赫胥黎主要介绍了古印度与古希腊的宗教和伦理体系。

什么是"正义"?

这一伦理体系中最古老的核心成分之一，恐怕要算正义的概念了。

原始人类在狩猎活动中，为了捕获较大的猎物或猛兽，靠一个人的力量往往是不够的，常常需要跟其他人一起合作才行，因此，这就形成了最初的社会（即群体组织形式）。经过相互配合、共同努力而捕获了猎物之后，大家在一起公平分配：贡献大的可以多分到一些肉。如果分配是公平的，就算公道，也就是正义的；否则就是不公道或非正义的。

其实，不仅是人类，狼也是成群猎食的。虽然狼生性凶残，但它们在逐猎时，绝不会自相残杀，这是它们在生存斗争中长期领悟出来的相互谅解，是为了共同的利益所达成的默契。缺乏这一点，它们是无法在一起猎食的。

❧ 不公道就会惹麻烦

人类组成了社会，人与人之间交往和相处，要遵守一定的行为准则，否则社会就不会安宁。

比如，幼儿园一个班里有 20 个小朋友，老师在教室后排的一张桌子上的盒子里放了 20 颗巧克力糖，让每个人分别到后面拿一颗糖。如果每个人都按照老师的要求，只拿一颗糖的话，刚好班上每个同学都能拿到一颗糖。假设其中有一个贪吃的小朋友偷偷地拿了两颗糖，那么当最后一个小朋友去时，就会发现盒子里的糖已经被拿光了。这下子该怎么办？

❧ 奖赏和惩罚是维护正义的手段

那个多拿了一颗糖的小朋友，没有遵守规则，不仅对没有拿到糖的那个小朋友不公道，而且可能引发小朋友中的相互猜疑：究竟是谁多拿了一颗糖呢？这样一来，就会使一些并没有多拿那颗糖的小朋友受到无端的怀疑，并因此可能引起小朋友间的纠纷。所以，这种行为是不道德、非正义的。

由于老师只有 20 颗糖，而没有拿到糖的最后一个小朋友恰恰是班上最腼腆的小女孩。于是，就有小朋友主动要把自己的那颗糖让给这个小女孩。

在这种情况下，老师大概会做两件事：首先，老师会公开表扬让糖的小朋友。其次，私底下找出那个多拿了一颗糖的小朋友，然后耐心但严肃地指出其错误的危害性并给予适当的惩罚。考虑到这个孩子是未成年人，而且可能也是初犯，老师应该替这个孩子保密。

总之，表扬和奖励谦让的美德，批评和惩罚不公道、非正义的行为，不仅是维护正义的手段，而且能确保大家遵守共同的行为准则或约定。否则，人心就会变坏，社会就会涣散。下面让我们再来看一个稍微不同的例子。

✦ 老人摔倒在地上，你该不该去扶？

这个问题原本是很容易回答的：当然应该去扶啦！

然而，事情远远没有表面上看起来那么简单。近些年来，很多地方都出了这种事：老人摔倒在地，有的过路人出于好心，把老人扶起来或送往医院，结果反被老人或老人的家属讹上，说是被该人撞倒的，并索赔医疗费及损失费。个别案件甚至被法院判定老人胜诉。这类案件引起了社会各界的极大关注。

按照赫胥黎依据动机的观点，这类案件似乎就比较容易解决。因为从动机上来说，过路人没有把老人撞倒在地的动机和理由。如果他是无意中把老人撞倒的话，他把老人扶起来并送往医院，说明他是对自己行为负责的好人，否则早就逃之夭夭了。如果没有确凿证据说明老人是被此人撞倒的，必须判定此人是做好事的好心人。

老人摔倒有一种情况是心脑血管疾病突发所致，这时候如果缺乏急救常识，贸然去扶的话，可能会好心办坏事——加重病情。即便如此，也必须参考动机来进行赏罚。从善良的动机出发做出的事，即便没有收到良好的效果，也应该予以一定程度的肯定。只有这样，才能伸张正义、弘扬良好的社会风气。

老虎吃人算不算犯罪？

扶起摔倒在地的老人，通常称为"善举"；用通俗的话来说，就是"做好人好事"。按照前面提到的赫胥黎的动机论，凡是从正确的动机出发所产生的行为，就叫作正直的或正义的。也正是从这方面着眼，古代的贤人（不论是中国的还是印度的，或希腊的）才得出了"善"以及"公正"等概念。

然而，这是人类伦理法则的概念。在人类之外的生物界里，不论生命是快乐还是痛苦，都没有善和恶的概念。比如，武松在景阳冈上打死的那只老虎，曾吃过很多人，但是，对于老虎来说，这是它生存斗争的需要，不吃人就会挨饿、痛苦；如果它有人类的善恶观念的话，可能就会饿死。老虎吃了人，肚子饱了，会很快乐，绝不会感到内疚。因此，老虎是不可能承受功和罪的。

可是，人类就不一样啦。各个国家、各个时代的有识之士都承认：如果不对破坏伦理法则的人给予惩罚的话，邪恶就会抬头，正直善良的人就会遭殃。不过，在某些特殊情况下，道德伦理的公平正义与否，并非黑白分明，也不是用上面提到的赫胥黎的动机论就一下子能判定的。

❧ 西方古典悲剧的永恒主题

在古希腊悲剧中，上述一类伦理困境以及它所反映的难以捉摸的非正义性，似乎是共同的主题。在《俄狄浦斯王》剧中，俄狄浦斯是位心地纯洁的王子，也是破除了人面兽身的怪物斯芬克斯所设谜语的义士。由于命运的安排，他自小被父亲抛弃，因此不认识自己的父亲，长大后在不知情的情况下，误杀了自己的父亲并娶了自己的母亲为妻。他所犯下的乱伦大罪，受到天谴，他刺瞎了自己的双眼、急速毁灭。

同样，在莎士比亚的经典悲剧《哈姆雷特》中，也有类似的伦理困境。

❧ 哈姆雷特的宿命

哈姆雷特是丹麦王子，原本是个完美的理想主义者。可他后来竟发现叔父篡夺了他父亲的王位并娶了他的母亲为妻。为了替父报仇，他杀死了叔父并且羞辱了乱伦的母亲。最后，他却为了正义而被奸人所害。

上面提到的这两个悲剧，既反映了古代的命运观，即命运是不可抗拒、无法改变的，也是不分善恶的，同时也反映了人们脑子中的一种信念，即冥冥之中似乎有一尊"神"或"上帝"高高在上，主宰着人们的命运并且掌控着惩恶扬善的大权。

在这个问题上，不管是东西方，不管是希腊人、犹太人还是印度人、中国人，似乎都有比较一致的看法。虽然自然界崇尚"物竞天择"，对伦理道德漠不关心，但是，人类社会却有个伦理裁判庭，立功受奖与犯罪被惩罚，是社会公正的保障，也是各种宗教兴起的原因。

❧ 赫胥黎跳鸡蛋舞

赫胥黎的《进化论与伦理学》，原本是应牛津大学邀请进行的"罗马尼斯演讲"的讲稿。

按照罗马尼斯基金会的规定，赫胥黎这一演讲，应避免涉及宗教或政治上的问题。但讨论伦理学而不涉及宗教，是不可能的，因此，赫胥黎说他得跳鸡蛋舞（即蒙着眼睛在布满鸡蛋的地上跳舞）。因此，他打了个擦边球，避开可能引起争议的西方教派，改谈佛教的伦理思想。

第十八节
佛教的伦理思想

唐僧去西天取的是什么经？

《西游记》中唐僧带领孙悟空、猪八戒和沙和尚，一路历尽劫难去西天取经。西天到底在哪里？他们奉命去取的是什么经呢？西天就是古印度，包括现在的印度与尼泊尔；他们去取的是佛经（即佛教经典）。佛教是当今世界三大宗教之一，信徒总数仅次于基督教与伊斯兰教。佛教由释迦牟尼创立，约公元前 6 世纪，在印度恒河流域首先传开来。

善与恶的因果报应

与基督教只有一个上帝、伊斯兰教只有一个真主不同，佛教承认有许多神灵及众多主宰。

佛教的轮回、因果学说认为，世间一切（包括善与恶）都有因果关系。如果世间充满了痛苦与忧患的话，那么它们像雨水一样普降人间，好人、坏人都躲不过。这是因为它们像雨一样，是自然因果链条上的一些环节。这个链条把一个人生命的过去、现在与未来都相互衔接在一起。这样的因果关系不能以该人眼前的遭遇来计算，而是以他的一生甚至"前生来世"一起清算。这也就是通常所说的：善有善报，恶有恶报，不是不报，时候未到。

流动性的对账

在佛教看来，每个人都要对自己的行为负责。行善是积德，是功；作恶是缺德，是过。人生的善与恶、功与过的计算，像是流动性的对账，如果用正数代表善（功），用负数代表恶（过），那么，它们相加的代数和，就代表了盘点一个人人生的对账或清算。

🌱 古印度哲学中的进化论元素

佛教深深地植根于古印度哲学思想的土壤中。

古印度哲学中有着丰富的进化论元素。古印度哲学家们注意到了下述事实：每个人身上都具有父母乃至爷爷奶奶的明显标记。这不仅表现在长相这类的生理特征上，而且表现在行为举止的"气质"上。这些特征和气质常常可以追溯到一系列直系祖先乃至旁系亲属身上。

行为气质是一个人道德和理智上的要素，与生理特征一样，它实实在在地从一个肉体遗传到另一个肉体，从一代人身上轮回到下一代人身上。古印度哲学家们称此为"羯磨"。

小贴士

羯磨（读 jié mó）是梵文 karma 的音译，是佛学中的一个名词。它的意思是指：人的今生乃是前世的思想言行累积起来的结果，而人的今生中的这些东西又会决定他的来生如何。这就是佛教中所谓的"因果报应"或"轮回"。

✿ "羯磨"与拉马克理论

如果你还记得"长颈鹿的脖子为什么这么长"的话（请复习《写给孩子的物种起源》），你大概会想起来法国博物学家拉马克的"获得性遗传"的理论。拉马克认为，长颈鹿的脖子，是通过一点一点、一代一代拉长了的。

请比较一下，看一看拉马克的"获得性遗传"跟佛教中的"羯磨"是不是有点儿类似。

正是这种羯磨，从一生传到另一生，被轮回的链条紧紧地联结在一起。此外，人生的羯磨不仅由于血统的不同结合而有所改变（这与生物遗传相似），而且也由于一个人本身的行为变化而发生变化。

修行的重要性

如同生物演化要受到环境的深刻影响一样，佛教认为，一个人的气质变化，取决于一个人的修行如何。

什么是修行呢？从字面上讲，就是修正错误的言行，或叫改邪归正。在佛教中，修行是一个漫长的过程，一个人通过时时刻刻察觉和修正自己错误的思想情感、举止言行，最终达到一种理想的境界。按照佛学观念，整个人生其实就是一场修行，完美的人生便是所谓的"修成正果"。

什么才叫"修成正果"？

古印度哲学思想假定：在精神与物质各种变化万端的表象之下，存在着一个永恒的"实体"。宇宙的实体叫"婆罗门"，个人的实体叫"阿德门"。

阿德门与婆罗门的分离，只是表面现象，它是形成各种人生幻想的思想情感、欲望、快乐与痛苦的条条框框所造成的。无知的人被欲望的名缰利锁捆绑着、被苦难的鞭子抽打着，因而他们的阿德门被永远地囚禁在各种欲望的幻想之中，其痛苦终生难以解脱。

有了觉悟、用修行来消除欲念的人认识到，如果宇宙是公正的，它是通过我们的淫乐作为手段来鞭挞我们的，那么根除欲念才是摆脱厄运的唯一途径。那就是退出生存斗争、不再做进化过程的工具。这样的话，羯磨通过修行而改变，轮回终止，个人才能彻底解脱痛苦与烦恼，结果，阿德门与婆罗门融为一体。

总之，人的一生历经磨难，如果能做到"富贵不能淫，贫贱不能移，威武不能屈"，也算是修成正果了。

然而，佛学认为，生命之梦的圆满结局是"涅槃"，这也是佛教最高深的佛理。那么，究竟什么是"涅槃"呢？

❧ 什么是"涅槃"？

记得我第一次碰到"涅槃"这个词，是初中时读郭沫若先生的诗歌《凤凰涅槃》。那时候根本就搞不懂这个词的意思，只好去请教语文老师，得到的回答大意是：涅槃是佛教用语，它的原意是火的熄灭或风的吹散状态，在佛语中引申为寂灭、安乐、无为、解脱、圆寂等意思，是指佛教徒修炼到了功德圆满的境界。

老师还解释说：《凤凰涅槃》是郭老借用凤凰"集香木自焚"（即点燃采集的香木烧死自己），然后从死灰中重生的传说，来表现旧中国将会像凤凰那样在革命的烈火中灭亡，并且重生一个美好的新中国。说实话，当时只觉得郭老的诗充满激情，而对涅槃的意思，仍然似懂非懂。

那么，"涅槃"究竟是什么？对此，学者间至今还有争论。按照佛教的说法，前世与今生、今生与来生之间的关系，就像一盏灯的火焰点着了另一盏灯的火焰。任何种类的存在物，都是暂时的，终究会消解。进入涅槃状态的贤者（高僧），既没有任何欲望和杂念，又没有任何作为和形相，这种"清静无为"的境界就是涅槃，它是佛学的顶点。

🌱 "本来无一物，何处惹尘埃"？

关于"清静无为"，佛学中有这样一个故事：佛徒问一位高僧如何消除欲望，高僧答道，欲望就像身上发痒，消除欲望就像挠痒，你挠一下，或许会感觉稍好一点，只要一不挠，马上又要痒。假如你压根儿就断绝欲望的话，那么根本就不会痒，自然也就不需要去挠了。

这就是佛教教义绕人之处，也是它的高明之处。正如六祖惠能大师所说："菩提本无树，明镜亦非台，本来无一物，何处惹尘埃。""菩提"在佛学中指"觉"或"道"，是指对佛教教义的理解；"明镜"则是指心如明净之镜。这句话的意思是说，原本就没有什么树，也没有放置实物明镜的台子，本来就什么都没有，哪里还会染上什么尘埃呢？

❧ 严复的按语

　　在介绍佛教的这部分内容里，严复除了在译文的正文中掺入了自己的理解（因而远远不是忠实的翻译），还在文后加了很长的按语。他认为"涅槃"最浅显的含义是：世上万物的表相，都是暂时融合而成，最终都会消亡。即使是人身所占有的，也无非是把自己的想象和喜好聚集一身。因此，在这虚幻的世界中，一旦彻底抛弃了贪欲，所有的痛苦和烦恼也都会随之消失。

让我们来复习一下第十五节至第十八节的要点

❧ 赫胥黎打了个漂亮的擦边球

　　在这四节中，赫胥黎从探讨生物进化论转向讨论伦理学，他用《杰克与豆秆》的童话故事作比喻，带着我们像杰克那样，顺着魔豆的豆秆爬到了另一个完全不同的世界和十分奇妙的境地——古代伦理思想的产生以及宗教的起源。由于受到罗马尼斯基金会规定的约束，赫胥黎打了个漂亮的擦边球，避开了基督教的伦理思想的讨论，着重介绍了佛教的伦理思想。

✤ 赫胥黎强调

• 在伦理学范畴内，人类在演化过程中曾经展现的那些成功的特质，反倒变成了缺陷。因此，生存斗争与伦理原则之间就产生了冲突。一方面，如果没有从我们动物祖先那里遗传下来的天性（包括损人利己的天性），我们不可能在生存斗争中取得胜利。另一方面，在高度组织化和社会化的人类社会中，如果这种天性过多，社会的动荡和斗争会愈演愈烈，这种社会必然会从内部毁灭。

• 人类自有了思想情感，便有了喜怒哀乐，并产生了同情心与羞耻感。此外，人类在集体狩猎活动中所达成的谅解与默契，建立了某些相互之间共同遵守的行为准则。这些东西集中到一起，形成了最初的正义概念以及伦理体系。

·佛教教义主张仁慈及与世无争，并通过博爱、谦恭、以德报怨以及戒除邪念来达到涅槃的境界。

🌱 佛教流行的原因

赫胥黎认为，正是由于上述这些伦理品质，佛教获得了惊人的成功。此外，佛教不相信什么救世主，因而既不信上帝也不信真主，甚至也不相信人有灵魂。因此，佛教认为祈祷没用、祭祀没用，只能靠自身的修行。佛教还认为，信仰永生不灭是错误的，而奢望永生不灭则是罪孽。加之，佛教比较宽容，不像其他宗教那样极力排斥甚至迫害异教徒。

另外，有关佛的传说以及流传的民间故事，毫无疑问对佛教的流行也起了不小的作用。比如，释迦牟尼有关对一切众生要仁爱和慈悲的教诲，实际上在信徒中扫除了社会、政治和种族上的种种不平等。《西游记》中唐僧的形象，也是慈眉善目、举止文雅。

一般人或许认为，佛教是一种消极、悲哀或忧郁的信仰，事实上，涅槃的前景令虔诚的佛教徒充满了欢乐和希望。

值得强调的是，赫胥黎用很大篇幅介绍佛教并不是无的放矢；恰恰相反，他借此说明与世无争的佛教教义与生存斗争的冲突，佛教的伦理原则与生存斗争的自然法则是背道而驰的。在下一节中，他通过介绍古希腊哲学中的伦理思想，进一步阐明生存斗争与伦理原则的矛盾。

第十九节
古希腊哲学中的伦理思想

❧ "言必称希腊"

现在让我们把目光从古印度转向古希腊，来观察一下西方哲学的兴起与发展。古希腊是西方哲学思想的发源地，早在两千多年前就涌现了苏格拉底、柏拉图、亚里士多德、德谟克利特等著名的哲学家，真可谓群星灿烂。有趣的是，这不仅跟中国诸子百家的产生很相像，而且在时代上也很相近。古希腊哲学家们在学术研究中所彰显的理性精神、宗教情怀与人文关怀，深刻地影响了西方文明的进程。因此，"言必称希腊"是指对古希腊乃至西方先进文化的推崇。古希腊哲学家中的领军人物则是赫拉克利特。

❧ 晦涩的哲学家

赫拉克利特跟老子是同时代的人，是古希腊朴素唯物主义哲学家。他认为，万物都处在不断变化之中，本书开头曾提到过他的最著名的论断："人不能两次踏入同一条河流。"因此，赫拉克利特又被苏格拉底称为"流动者"。赫拉克利特还是进化论的始祖，他认为万物都处在"过去"与"将来"之间，相信世界上有"普遍的理性（或法则）"指导大自然中的一切事物，事物的运动变化有着自己的规律。

由于赫拉克利特学说体系博大、思想深邃，加上他的著作富含隐喻，晦涩难懂，人们称他为"晦涩的哲学家"。

❧ "辩证法的奠基人"

赫拉克利特还提出，宇宙间充满了对立和矛盾，他用弓弦与琴弦两种力相反相成、奏出美妙的乐声为例，指出对立面的相互转换。他还指出，事物的运动变化是事物本身存在的矛盾对立所引起的，对立面的斗争是万物之父，也是万物之王。因此，他被列宁称作"辩证法的奠基人"。

赫拉克利特的对立理论还指出，世间的事物都是相对的，不知道非正义的人们就不知道正义，不能理解恶也就不可能理解善。他强调正义和善是与幸福和快乐相连的，幸福并不只是感官的享乐，因为人不是猪和牛，不能仅满足于吃饱草料以及在污泥中取乐。幸福也不是占有财富和权力，而是获得智慧、求得真理、追求高尚的精神生活，用理性去制约感性欲望。因此，在他看来，道德是与求得幸福和快乐紧密联系在一起的。

赫拉克利特的上述道德观对古希腊伦理思想的发展有着极大的影响，接下来让我们看看他对斯多葛学派的影响。

🌱 斯多葛——雅典的"演讲者之角"

我1986年访英时，曾在伦敦的海德公园里看到一处地方，有几个人散乱地站在那里自说自话、慷慨激昂地发表演说，每人面前只有稀稀拉拉、为数不多的几位听众，像我这样的游人只是好奇地停下来看上几眼，然后便匆匆离去。陪同我的英国朋友告诉我，这就是有名的"演讲者之角"，是留给人们自由谈论、发表政见的地方。据说这个传统是从古希腊沿袭下来的：古希腊雅典的廊苑（或圆柱大厅，希腊语叫"斯多葛"），曾是公元前 3 世纪哲学家芝诺最初讲学的地方，后来也是供人们聚会讨论学问的地方。因此，后人把芝诺所创立的学派称作斯多葛学派。

古希腊的哲人们，用市井楼台作为讲学论道的场所，在一起探讨宇宙法则、自然规律以及人生的意义，他们的哲学思想闪耀着人类智慧的光辉，不仅是西方文明而且是全人类文明的瑰宝。

斯多葛学派自称是赫拉克利特的门徒，他们系统地继承和发展了进化学说。但在这个过程中，他们不仅丢掉了赫拉克利特学说中的一些内容，而且也增添了一些原本没有的东西。

✤ 世界生于火并灭于火

美国诗人弗罗斯特在一首小诗《冰与火》里写道:"有人说世界要毁于火,有人说毁于冰。依我对欲望的体味,毁于火的说法更为我垂青。"

弗罗斯特的这一观点,显然是受了赫拉克利特的影响。赫拉克利特学说认为,世间万物由火生成并且毁灭于火,变化不停的火热的能量,按照自然法则运行,不断地创造和毁灭世界,就像一个顽皮的小孩在海边用沙土筑起城堡而后又夷平它一样。

斯多葛学派也继承了赫拉克利特的这一学说,然而,却给"变化不停的火热的能量"赋予了神的属性,因此出现了上帝这个主宰。请注意,这一点可是赫拉克利特从未说过的。这样一来,整个宇宙直至最微小的细节,都被设计成要用自然的手段来达到某种目的了。也就是说万物都有一个与人类相关的目的。这种目的论实际上是创世论,就像罗素在《西方哲学史》中所嘲讽的,每种动物都是上帝为人类所创造的,有些动物可做我们的美餐,有些动物可以考验我们的勇气,甚至连臭虫都是有用的

了，因为臭虫可以让我们在早晨醒来后立即起身，
而不是赖在床上久久不起（否则会被臭虫叮咬）。

❦ 赫胥黎对斯多葛学派的批判

赫胥黎不赞成斯多葛学派创立的上帝主宰万物
的观点，并且用一连串的反问予以反驳。

如果上帝主宰世界的话，那么，为什么世上还
存在着邪恶？

对此，斯多葛学派的门徒们诡辩说：首先，没
有邪恶这东西；其次，如果有邪恶这东西，它也是
与善必然相关的；再次，它或者是由于我们自身的
过错所造成的，或是由于我们为了利益而生出的。

最著名的是斯多葛学派的门徒克利西蒲斯对洪
水的解释：尽管大自然的洪水给人类带来很多灾
难，但"鱼儿离不开水，瓜儿离不开秧"，没有水
的话，人要渴死，万物要枯竭。同是这个克利西蒲
斯，曾说过以下名言："给我一个学说，我将为它找
到论证。"

同样，斯多葛学派的另一门徒蒲柏也曾用诗句

来回答类似的质疑："一切自然都是艺术，你只是不知道而已；所有机会都是方向，你只是看不见而已；一切冲突都是和谐，你只是不理解而已……"凡是存在的都正确，上帝造物原本无错。

赫胥黎把这些视为只是一种廉价的雄辩术而已，他反问：如果"凡是存在的都正确"，那还有什么必要去试图纠正任何现存的东西呢？那就让我们干脆吃吃喝喝、无所作为吧，反正今天一切都正确，明天也是一样。

🌱 真的应该顺其自然吗？

斯多葛学派认为，存在即合理、人类应该"顺应自然而生活"。那么，这似乎意味着宇宙过程是人类行为的榜样，人类不应该克服自身从自然界获得的野蛮本性（即"兽性"）。这样一来，伦理过程跟宇宙过程的对抗，似乎就消失了。

然而，我们不能够望文生义。事实上，按照斯多葛学派的语言，"Nature"——"自然"或"本性"这个词含有多重意义。它既有宇宙的本性，也有人的本性。在后一种意义中，还包括动物的本性——这是人与宇宙中有生命的生物所共有的"生物性"，是一种比较低等的本性。而构成人的主要本性是一种更高的、起着支配作用的能力——"德行"。如此看来，伦理过程跟宇宙过程的对抗依然存在。

"德行"支持了至善的理想，它要求人们相亲相爱、以德报怨、以善报恶，互相看做是一个伟大国家中的公民。因此，斯多葛学派有时把这种纯粹的理性（即德行）称为"政治性"，也就是社会性。

对于斯多葛学派伦理学体系的论述，我发现罗素在《西方哲学史》中所做的介绍似乎更容易理解。下面让我们来看一看罗素的评述。

🌱 罗素笔下的斯多葛学派的伦理观

按照斯多葛学说，万物都是宇宙（或"自然"）这个单一体系的组成部分；当个体的生命与"自然"相和谐的时候，那就是好的。一方面，因为每一生命个体都是自然规律所产生的，因此它必然与

"自然"相和谐。另一方面，只有个体意志的方向与整个"自然"的目的一致时，这个生命个体才算是与"自然"相和谐。人的德行就是与"自然"相一致的意志。坏人虽然也不得不遵守上帝的法律，但却是不自愿的；用克雷安德的比喻来说，他们就像是被拴在车后面的一条狗，不得不跟着车子一起走。

在一个人的生命里，只有德行才是唯一的善，而德行取决于个人意志，因而，人生中一切好的东西和坏的东西，也就都取决于自己。一个人可以很穷，但这又有什么关系呢？他仍然可以是有德的。暴君可以把他关在监狱里，但是他仍然可以矢志不渝地与"自然"相和谐而活下去。他可以被处死，但他可以像苏格拉底那样高贵地死去。别人只能夺去你的身外之物，而德行（即真正的善）的坚守则完全靠你自己。所以，每个人只有把自己从世俗的欲望之中解脱出来，才能够有完全的自由。

✤ 罗素对斯多葛学派的嘲讽

在《西方哲学史》中，罗素对斯多葛学说也进行了不少嘲讽和调侃。

一方面，罗素质疑斯多葛学说关于"德行本身就是目的而不是某种行善的手段"的观点。他问，如果德行只是目的而一事无成的话，那么人们怎么会对有德的生活充满热情呢？我们之所以赞美一个在瘟疫流行期间冒着生命危险去治病救人的医护人员，是因为我们认为瘟疫是一种灾难或恶，需要减少其流行程度。然而，如果疾病并不是一种恶的话，那么医护人员便可以安逸地待在家里了。但是，如果我们用更长远的眼光去看的话，那么结果又如何呢？按照斯多葛学说，现存的世界终将被火所毁灭，然后整个过程再重演一遍。难道世界上还有比这更无聊的事情吗？通常当我们看到某种东西令人痛苦不堪而难以忍受时，我们会希望这种东西将不再发生；但斯多葛学派却说，现在所发生的将会一次又一次地不断出现。天哪，果真如此的话，恐怕连上帝也会因绝望而感到厌倦了吧？

另一方面，罗素讥讽斯多葛学说有一种酸葡萄的成分：我们不能有"福"，但是我们可以有"善"。因此，只要我们有善，就让我们假装对不幸无所谓吧。

第二十节
东西方伦理思想的汇合

🌱 条条大路通罗马

斯多葛学派认为，德行是倾向于达到理性的、社会性的以及博爱的理想行为，它使人们用意志驾驭情感、用纯粹理性战胜低级本性。在一个社会中，只有人人把有益于社会作为自身本性中最重要的德行，才能促进社会的发展。

如此看来，斯多葛学派的纯粹理性或德行与佛教的"功德圆满"和涅槃之间，似乎有相通之处。

十分有趣的是，如果我们回过头去对比一下印度哲学与希腊哲学的话，我们就会发现：释迦牟尼悲天悯人，看不见人间的美好，而斯多葛学派则无视恶的实在性，看不到人世间充满悲惨；佛教提倡以今生吃苦修行去为来生积善积德，而斯多葛学派则主张率性而生、及时行乐……这两种哲学表面上看起来，似乎是两种极端的思想。万万没想到，经过曲折的发展过程，最终竟然殊途同归。这在哲学发展史上，也可算做是"条条大路通罗马"的一个例子了。更有意思的是，这两种哲学思想似乎最初还有着共同的基础呢！

🌱 从尚武好斗演变为温顺善良

赫胥黎指出：其实，印度思想与希腊思想原本是从共同的基础上出发的，只是中间产生了很大的分歧，一度似乎走向了两个极端。

回顾人类演化的历史，早期的先民们出于生存斗争的需要，都是十分彪悍甚至粗野的，因为只有威武强悍、勇敢好斗、敢于铤而走险、视死如归，才能生存下来。他们血气旺盛、尚武好斗。这在世界各国历史上都有体现。

比如，在中国历史上，早期的君王大多重武轻文，他们在战马铁鞍上打下江山。正像毛主席诗词中所写的："惜秦皇汉武，略输文采；唐宗宋祖，稍逊风骚。一代天骄，成吉思汗，只识弯弓射大雕……"

　　而印度四部《吠陀本集》第一部的颂诗与希腊《荷马史诗》，也都非常豪放壮阔，歌颂面对战争生气勃勃、充满战斗精神的人们：永远带着欢乐去迎接雷霆与阳光……

　　然而，在文明的影响下，人们变得温顺善良、温文尔雅。活跃的人变成安静的人，粗野的人变成有教养的人。"放下屠刀，立地成佛"，英雄成了僧侣。千百年来，无论是在印度的恒河流域，还是在意大利的台伯河流域，东、西方的伦理思想把人们逐步教化成了文明理智、温良恭俭让的公民。

第二十一节
进化论与伦理观

❧ "伦理的进化"

在本节（也是《进化论与伦理学》的最后一节）中，赫胥黎简要地总结了进化论与伦理学之间的关系。赫胥黎在前面曾不止一次地强调了伦理过程跟宇宙过程的矛盾和冲突，在这里，他再次不指名地批驳了斯宾塞的下述观点：人类社会任其自然演化，就会像生物进化一样，不断地趋于完善。赫胥黎认为，这是狂热的个人主义者试图把野蛮的行为合理化，人类社会伦理的发展不是模仿通过生存斗争、自然选择的宇宙过程，而是在于同它作斗争。

❧ 当前的"适者"可能是将来的"不适者"

生物进化并不像斯宾塞所说的那样"不断地趋于完善"。"适者生存"的词义含混不清,"适者"似乎意味着"最好",而"最好"则带有价值判断和道德色彩(如,完善)。实际上,在自然界,什么是"适者"取决于各方面条件。如果北半球气候再度变冷的话,那么,在植物界最适于生存的,又会是小黄芩那样的低等植物,甚至是苔藓、地衣、硅藻以及微生物。相反,如果气候变得越来越热的话,那么在泰晤士河谷区,现今的生物就无法继续生存下去了,就会见到热带丛林中繁盛的生物了。

❧ 伦理上最优秀者生存

虽然社会中的人,无疑也是受宇宙过程支配的。但是,赫胥黎在前面已经讨论过,社会物质文明发展到今天,人们之间的斗争,主要不再是争夺生存资料,而是争夺享受资源。社会文明越发达,宇宙过程对社会进化的影响就越小。社会进展意味着逐步抑制宇宙过程，代之而起的是伦理过程。结果，不再是拼谁的拳头最硬，而是看谁最受大家拥戴，因此，那些伦理上最优秀的人得以生存，而损人利己、践踏社会公德以及侵害公众利益的人就会被淘汰。

赫胥黎强调，伦理过程中最好的东西（即善和美德）目的在于规范一种行为，也就是要求人们在社会生活中，用"自我约束"（即遵守法纪、不侵犯他人利益）去代替宇宙过程中的"自行其是"（即胡作非为、危害他人和社会）。这样做的结果，与其说是让"适者生存"，倒不如说是让尽可能多的人适于生存。

依靠伦理过程来创造全体人民能够适于生存的社会环境，就像本书开头谈到的园丁打理园地一样，都是要与大自然的宇宙过程抗争的。那么，人类能否担当起这一重任呢？

🌱 人是有思想的芦苇

虽然我们在前面谈到过，"人定胜天"是不太可

能的，但这并不意味着人类就应该听任大自然的摆
布。17世纪著名的法国博物学家巴斯卡曾在《感想
录》中写道：人不过是自然界中一种很脆弱的芦
苇，但他是有思想的芦苇，尽管宇宙不费吹灰之力
就能摧毁他，但是他依然比摧毁他的宇宙要高贵。
因为他知道自己会死，但宇宙对此却毫无所知。

因此，人类虽然只是生物界千百万个物种之
一，但他凭借着自己的智慧，是能够在一定程度上
影响和改变宇宙过程的。最近两个世纪里，尤其是
自工业革命以来，人类对自然界乃至地球面貌的改
变，我们只要环顾周围就可以注意到。即使在人类
社会中，随着文明的进展，人类本身来自自然界的
一些"野蛮"气质也被法律和风俗所变更。可以想
见，随着文明的进展，人类还会不断地增加对宇宙
过程的干预程度。

人类文明史只有几千年。在这几千年中，人类
社会已经有了高度发展的社会组织以及科学和艺
术。但是，要想在短短的几千年内，把千万年生物
演化打在他们身上的烙印彻底消除，是不可能的
事。因此，赫胥黎一再强调，人类要持续、恒久地

跟自身的野蛮本能（即"兽性"）作斗争。

✤ 上升与下降是同一条路

进化论的始祖赫拉克利特还有一句名言：上升的路与下降的路是同一条路。

达尔文的高明之处，在于指出生物演化的持续性和无方向性。他在《物种起源》中最后写道："生命及其蕴含的力能，最初注入少数几个或单个类型之中；当这一行星按照固定的引力法则持续运行时，无数最美丽、最奇异的类型，就是从如此简单的开端演化而来，并仍然在演化之中。这样看待生命，多么宏伟壮丽啊！"

请注意，达尔文说的是"无数最美丽、最奇异的类型"，而不是"无数最高级、最完善的类型"。因此，达尔文理论不对生物演化的方向做出预测。同样，它也不鼓励对人类社会做千年盛世的预测。在地球历史上，生物经历过"寒武纪大爆发"，也经历过几次大灭绝以及其后的复苏和繁盛。如果地球经历过亿万年的上升道路，那么，在某个时间会达到顶点，于是下降的道路就会开始。

如果真是这样的话，无人能想象出单凭人类的智慧和能力能够阻止这一走势。即便如此，我们也不应该被动地听天由命、坐着等死。那么，我们该怎么办呢？

❧ 做一个高尚纯粹的人

赫胥黎强调指出，虽然人类不能阻止宇宙和自然界的循环更替，但是只要世界存在下去，我们还必须努力改变我们的生存环境——包括自然环境和社会人文环境。我们应该清醒地认识到，宇宙自然界是经历过亿万年严酷锻炼的结果，不能幻想通过几百年的努力，人们就可以使它屈从于伦理过程；撼山易，撼人的本性难。俗话说得好："江山易改，本性难移。"人类自身的素质是不会如此迅速改变的。

另一方面，我们也要看到：尽管我们身上从自然界遗传下来的那些自私、野蛮的本能，是道德伦理强有力的敌人，然而，我们还是可以作很多努力去打败它的。我们曾经凭借自己的智慧把袭击羊圈的狼驯化成了羊群的忠实保卫者，我们应该有信心能够抑制我们自身的野蛮本能，力争做一个高尚纯粹的人，莫要辜负莎士比亚名剧《哈姆雷特》中的那段赞美人类的台词："人是一件多么了不起的杰作！多么高贵的理性！多么伟大的力量！多么优美的仪表！多么文雅的举动！在行为上多么像一个天使！"

✤ 拿出成人的气概来！

至此，《天演论》（即《进化论与伦理学》）一书已接近尾声。但赫胥黎不愧是一位演讲大师，他在书的结尾，有这样一段鼓舞人心的话：

长久以来，我们已经走过了人类的幼年期。在那个远古时代，我们粗犷豪放，虽然在与大自然作斗争的过程中，屡建奇功，但是我们在道德伦理方面还很幼稚，大多数情况下甚至善恶不分。现在，我们人类已进入了成年期。作为成年人，我们必须

要开始对自己的行为负责、对社会有所担当。由于
我们是成人了，那就要拿出成人的气概来：我们要
意志坚强、永不屈服于宇宙过程对我们的束缚；我
们要勇于摈弃自身的野蛮本性；我们要真心向善、
疾恶如仇。

　　最后他引用英国桂冠诗人丁尼生的诗句来结束
这篇讲演：

　　　　也许我们会被旋涡吞没，
　　　　也许我们将抵达幸福之岛，
　　　　……
　　　　但在到达终点之前，
　　　　我们还得奋力拼搏，
　　　　以期实现那些高尚的目标。

第三部分

《天演论》的写作背景及其深刻影响

第一节
赫胥黎写作《进化论与
伦理学》的背景

英国那些事儿

　　19世纪是英国的崛起和全盛时期，工业革命所促成的科技与经济上的进步与繁荣，使英国成为当时的"世界工厂"以及世界头号强国和海上霸主。它的殖民地遍及全球，因此，又被称为"日不落帝国"。1859年达尔文的《物种起源》问世，出乎达尔文意料的是，这本书不仅没有引起他所恐惧多年的轩然大波，反而很快地被人们所接受。这里一个深层的原因即在于，他的"生存斗争、自然选择"的理论很快地被应用到人类社会中去，成了英帝国主义对外扩张的依据。社会达尔文主义的兴起，是达尔文本人所万万没有想到的。

❧ "钻石王老五" 斯宾塞

斯宾塞不仅是 19 世纪英国最具影响力的政治经济学家、哲学家和进化论学者，而且是当时有名的独身主义者。据说，他曾跟一位朋友说过："由于我选择独身，某个地方有个女人现在生活得更幸福！"斯宾塞在 19 世纪 50 年代发表了一系列的学术著作和时政文章，一时间声名大噪。他当时的名气真的比达尔文及赫胥黎还要大！

❧ 斯宾塞的普遍进化论

我们在前面已经提到过，斯宾塞是社会达尔文主义的鼻祖，是他提出了"（最）适者生存"。他认为，世间万物甚至整个社会（包括动植物、人类、语言文化等）都是在进化的，即都是不断地向好的方向或更高的阶段进化的——明天会更美好。跟达尔文与赫胥黎主张的生物进化论相比，有人把斯宾塞的这一理论称作普遍进化论。

作为政治经济学家，斯宾塞主张极端自由主义市场经济学。他反对政府对市场进行任何形式的干预，他认为，像生物界的自然选择一样，市场后面也有一只看不见的手，那就是通过自由竞争的力量，来淘汰不适者，让适者生存。尽管资本家发了大财，失败者血本无归，工人们被压榨、剥削，但是公众享用了他们提供的产品和服务。按照斯宾塞的伦理观，这是符合"生存斗争、适者生存"的进化论原理的，也是推进社会发展的有效途径，因此是进步的、是好的。

然而，达尔文本人是不赞同把生物演化规律直接搬到社会学研究中去的。由于达尔文一贯避免与人正面冲突或卷入无休止的论战，他一直没有公开站出来反对斯宾塞的理论。你们猜一猜，谁会来替他干这件事？

🌿 赫胥黎与斯宾塞分道扬镳

赫胥黎有个外号叫"达尔文的斗犬"，他一直是站在第一线为达尔文理论辩护的。有趣的是，斯宾塞也是著名的进化论学者；在宣传达尔文学说方面，赫胥黎与斯宾塞曾是同一战壕里的战友，而且私下也是好朋友。但是，现在赫胥黎无论如何也不能接受斯宾塞的社会达尔文主义。

赫胥黎从一开始就怀疑斯宾塞普遍进化论预测的乐观图景。赫胥黎十分了解，维多利亚时代英国欣欣向荣的外表下，存在着严重的贫富两极分化。尤其在 1873—1896 年间，英国经历了工业革命以来历时最长的经济大萧条，失业、贫困和疾病带来许多社会问题，人们开始意识到：科技方面的一些进步并不能解决所有的社会问题。

到了 1880 年前后，赫胥黎对斯宾塞关于社会不断走向进步的断言越来越怀疑，两个老朋友之间的关系，也因此变得紧张起来。

他们争论的焦点不外乎是，赫胥黎并不否认社会与文化方面的进步，但是他不能赞同社会与文化的演化像生物演化一样，是生存斗争和自然选择的结果。对于斯宾塞来说，社会与文化的演化跟生物演化是一回事，即普遍进化论。而对赫胥黎来说，社会与文化的演化跟生物演化之间，是有矛盾冲突的。

"伦理的进化"与"进化的伦理"

以上我们讨论了赫胥黎写作《进化论与伦理学》的背景，接下来我们从两方面来回顾一下该书的要点。一方面，从"伦理的进化"这一角度来看，道德情感（即伦理）是否经过进化而来？另一方面，从"进化的伦理"方面考虑，既然从整体上说，生物进化过程中通过生存斗争和自然选择，动物和植物进展到结构上的完善，那么，是否意味着在人类社会中，人们作为伦理的人，也必须通过同样的方式（即生存斗争和自然选择），来帮助他们趋于完善？

🌱 一个十分有趣的悖论

如果伦理是经过进化而来的，而按照赫胥黎的说法，又是跟生物演化中自行其是（比如损人利己的行为）的本性背道而驰的，那么，这怎么可能呢？要么伦理是经过进化而来的，要么伦理不是经过进化而来的。如果是前者，斯宾塞就是对的，而赫胥黎就错了；如果是后者的话，那么伦理究竟是怎么来的呢？

小贴士

悖论是逻辑学里的一个名词，意思是"自相矛盾的命题（说法）"。比如，"我说的话是一句谎话"就是个悖论：如果我说的话是真的，那么我就是在撒谎；如果我是在撒谎，那么我的话就不可信。既然我的话不可信，那么"我说的话是一句谎话"看来就不是谎话……是不是有点儿绕人啊？另外，"先有鸡还是先有蛋"也是一个悖论。

🌱 赫胥黎的解释

一方面，赫胥黎不得不承认：从严格意义上说，就像群居的习性对很多动植物大有益处一样，人类作为群居的社会性动物，好的道德伦理也使我们在社会生活中受益。因此，日益完善的伦理过程应该是进化总过程的组成部分之一。

另一方面，赫胥黎也指出，人类社会中绝对平等纯粹是乌托邦幻想而已，实际上是不可能存在的。

换句话说，在道德伦理层面，赫胥黎一方面要求人们跟自然界演化而产生的野蛮本性作斗争，另一方面要求人们承认并且调和天生的人与人之间的差异。

对此，他进一步强调：研究"伦理的进化"表明，虽然人类的道德伦理起源于最初在一起合作狩猎时，出于生存斗争的需要，然而在人类社会形成之后，社会成员之间的竞争就会变成"窝里斗"了，并在一定程度上将阻碍社会的进步，因此，互相帮助之风日益增长。

此外，道德教育、知识、社会组织等方面对人的影响也越来越重要。结果，在人类社会中，人们对享受资源的竞争逐步取代了先前在自然状态下的生存斗争。

❧ "进化的伦理"

按照斯宾塞的观点，所谓"进化的伦理"基于如下的前提：人类社会进化跟自然界生物进化一样，都是由生存斗争驱动的。因此，在"天赋权力"的美丽外衣下，让"生存斗争、适者生存"的规律在社会发展中不受任何节制；一个人只要不直接侵犯他人的权益，就可以为所欲为。

如此一来，人类社会跟自然界虎狼称霸的丛林还有什么区别呢？社会上的弱势群体（如老弱病残、孤儿寡母、失业者、穷人等），竟被认为缺乏生存竞争能力而理应被社会所淘汰。对此，赫胥黎的《进化论与伦理学》犹如战斗的号角，唤醒了社会（包括哲学家们）的良知去摈弃斯宾塞式的进化伦理学。

赫胥黎从讨论古印度、古希腊道德伦理的起源与演化入手，质疑和批判了生物演化与社会进化之间的联系，展示了人类道德伦理的形成，非但不是被生物演化的动力所推动的，反而是要与之对抗的。

　　《进化论与伦理学》的发表显示，赫胥黎不仅是一位杰出的科学家，而且是一位伟大的人文学者。他在书中提出的一些问题，100 多年来启发了无数的科学家与哲学家们去探讨和研究，有些问题至今依然是进化生物学与伦理学研究的热点。

第二节
《进化论与伦理学》的
深远影响

❧ 人们良好的道德品质从何而来？

千百年来，在主要信仰为基督教的西方国家里，人们（包括达尔文在内）曾被这一问题长期困扰着：既然仁慈的上帝是万能的，他怎么会让世间存在着邪恶呢？从某种意义上说，赫胥黎在《进化论与伦理学》中提出了一个相反的问题：既然自然选择倾向于保存自行其是、损人利己的品质，那么，人们良好的道德品质怎么能通过进化而来呢？

❧ "群体选择"与"个体选择"之争

20 世纪 60 年代初，苏格兰生物学家温-爱德华兹通过研究动物行为发现：很多动物为了群体的利益，会做出利他性的行为。比如，鸣禽在看到天敌出现的时候，会冒着自身吸引天敌的危险，发出警告声，通知其他鸣禽赶快逃离。非洲的野狗，不但像狼一样，在捕捉猎物时相互合作，而且会跟同一群里没有参加捕获猎物的成员分享猎物。温-爱德华兹把这种现象称作"群体选择"。

这听起来很有道理，而且也似乎解释了为什么会产生"毫不利己、专门利人"的优良品质。但是，这跟达尔文的自然选择理论却是格格不入的呀！

❀ "亲缘选择"本质上还是"个体选择"

对于温-爱德华兹的"群体选择"理论，英国演化生物学家梅纳德·史密斯以及哈佛大学生物学家威廉姆斯说：且慢！如果我们仔细研究一下的话，动物中的利他行为通常都是发生在近亲之间——汉密尔顿称其为"亲缘选择"。在这种情况下，所谓"无私者"所做的"利他"行为，实际上是"肥水不流外人田"，本质上还是"利己"的。

🌿 互惠利他行为

当然，像前面提到的鸣禽与非洲野狗利他行为的例子，并不见得是发生在近亲之间，那么，仅用梅纳德·史密斯和威廉姆斯上面的解释，还是无法否认温-爱德华兹的"群体选择"理论。不久，哈佛大学的一个叫罗伯特·泰弗士的博士生提出了"互惠利他"行为的理论，解释了这种现象。泰弗士是个很厉害的人，有些疯疯癫癫的，还特爱跟教授们辩论。他认为，在毫无亲缘关系的动物之间，有些利他行为是可以用互惠来解释的，就像"这次我替你挠痒，下次你替我挠痒"一样。显然，由于双方都受益，这种互惠行为是双赢，从严格意义上来说，也不算是单方面的利他行为。因此，这跟自然选择理论并不矛盾。

🌿 吸血蝙蝠与狒狒

泰弗士是搞生物学理论研究的，大多是靠他聪明的脑袋"异想天开"。然而，在他提出上述理论不久，就出现了一些支持他这一理论的研究论文。比如，野外动物行为研究发现，吸血蝙蝠在吸足了血之后，会"反刍"一些血到那些八竿子打不着边（毫无亲缘关系）的饥饿的蝙蝠口中，以后受益者也会回报的。

野外研究还发现，在狒狒群中，一些处于被支配地位的公狒狒，会轮流想方设法支走居支配地位的公狒狒，然后伺机跟母狒狒交配。他们通过这种互相帮助的方式，"暗度陈仓"，为自己留下后代。

❋ 顺水人情

还有一种利他不损己的情形，是我们俗话所说的"顺水人情"。比如，两个人在野外露营，晚上天凉了下来。一个哥们儿成功地生了一堆火，另一个哥们儿却没有成功。在这种情况下，成功者让未成功者来"蹭"火，纯粹是"顺水人情"，并不损害自身哪怕一丁点儿利益。也许下一次生不起火来的是自己，那么对方肯定会"回报"的。

显然，这种利他而不损己的行为，跟自然选择理论也丝毫没有冲突。达尔文只是预言，自然选择不会鼓励任何物种有损己利他的行为。

✿ 普遍利他行为

泰弗士还注意到，在人类社会中，人们从"互惠利他"行为还进一步发展成为"普遍利他"行为。因为我们知道如果我们只要每人能贡献一点点的话，那么当我们有所需要的时候，也会指望得到别人的帮助。最为典型的是向慈善机构捐献钱物，去帮助困难的人。请注意，在这种情形下，接受帮助的人通常跟捐助者非亲非故，甚至素不相识。此外，这也不属于"群体选择"的范畴，因为并没有涉及一个群体跟另一个群体之间的竞争。

✿ 另一种普遍利他行为

还有一种"普遍利他"行为，比上面更进一步——压根儿就不期待任何形式的"回报"。比如，我记得刚到美国时，曾有一位台湾同学开车去机场接过我。我自然十分感激，便提出请他吃顿饭"谢谢"（即"回报"）他。他并没有接受我的邀请，并对我说：大家都是穷学生，没有必要让你破费了。我刚来美国留学时，也是师兄到机场接我的。我也曾提出请他吃饭，他跟我说，谢谢你，情我领了，但饭就不吃了。以后再有新同学来，你能去机场接人家，就是对我最好的感谢啦。

我听了之后有一种莫名的感动。后来，当我自己买了车之后，我也曾多次去机场接过新同学，也从来不曾接受他们的"回报"。

❦ 未出达尔文所料

其实，上述这种情形并未出达尔文所料。他在《人类的由来》中就曾提到：每个人很快会从亲身经验中发现，倘若他向别人伸出援手的话，那么，作为一种回报，通常他也会得到别人的帮助。正是从这种初级的动机出发，人们或许会养成帮助他人的习惯。

总之，上面这些研究表明，解释达尔文自然选择学说排斥利他行为，完全不需要依赖"群体选择"理论。

不过，值得指出的是，达尔文并不一味反对"群体选择"理论，尤其是在讨论原始人类不同部落之间的竞争时，他偶尔也承认"群体选择"起着一定的作用。

🌱 专家内部之争

"群体选择"与"个体选择"之争，虽然在进化生物学领域引发和推动了大量的理论与经验研究，但是截至 20 世纪 70 年代中期，这场争论还只是局限在进化生物学专家内部。其实，有人已经把它称作一场新的"达尔文革命"。但这场革命还没进入公众的视野。1975 年似乎是道分水岭，在那之后，这场革命就冲出了学术界的象牙塔，近乎人人皆知啦。这一切都是因为两本书的出版，其中一本书，你们也一定听说过——猜猜看是什么？

❧ 《社会生物学》与《自私的基因》

1975 年哈佛大学出版社出版了一本厚达 700 页的大书《社会生物学：新综合理论》，作者是哈佛大学教授、著名进化生物学家、昆虫学家威尔逊。这本书的问世，不仅标志着社会生物学这门崭新学科的诞生，而且引发了一场 20 世纪最重要的学术争议。

作者在书中用大量动物行为研究的例子，从遗传学、种群生物学、生态学等方面，系统地描述了生物中各种社会行为（如侵略行为、互惠行为以及亲子抚育等）的表现、起源和演化，并借此论述了社会生物学的一些基本概念。

该书的前 26 章，介绍了人类以外的各种生物（从蚂蚁到大象，无所不包）的社会行为，说明这些社会行为都是为了使生物所携带的基因更容易被自然选择保留下来，因此是符合达尔文学说的。当然，这部分内容很少引起什么争议。事实上，书中所反映出的威尔逊的渊博的学识和严谨治学的态度，使他受到了广泛的尊重和仰慕。

争论主要源自该书的最后一章（即第 27 章"人：从社会生物学到社会学"），在该章中他把社会生物学应用到研究人类的社会行为上去。万万没想到，这下子他竟捅了个大马蜂窝！

✿ 一石激起千层浪

其实，亚里士多德早就说过，人是社会性动物。

除了人类之外，生物界中很多群居的动物都表现出复杂的社会行为。比如，在《写给孩子的物种起源》中，我们就曾介绍过蜜蜂和蚁类的复杂的社会行为。

威尔逊根据自己的研究认为，人类跟其他动物一样，他的许多社会行为（包括侵略性、自私性，甚至道德伦理和宗教等），都是因为对物种的生存有益，因此通过自然选择筛选、保留而演化出来的。

显然，这跟斯宾塞的观点是完全一致的。顿时，威尔逊的观点遭到了很多社会学家和人类学家的强烈反对。批评者称威尔逊为新斯宾塞学派的代表人物，甚至有人认为他是社会达尔文主义者、种族主义者。

对于威尔逊的批评，很快地超出了学术领域，而且很快地发展成了人身攻击。而且攻击他最厉害的人却是他每天低头不见抬头见的两位哈佛大学同事。这二位的名字在生物学界也是如雷贯耳：遗传学家理查德·莱万廷与古生物学家斯蒂芬·杰·古尔德。

按说他们三人在同一个办公楼里上班、在同一个系里共事，有不同的学术观点，完全可以面对面地讨论，哪怕是争吵也没有什么关系。可是，令威尔逊不解（也使他非常寒心）的是，莱万廷与古尔德连同另外 15 个人共同署名，在 1975 年 11 月 13 日的《纽约书评》上发表了一封公开信，题目为：反对《社会生物学》。

❧ "社会达尔文主义卷土重来的信号"

莱万廷是分子生物学领域的翘楚，而古尔德不仅是古生物学界的专家，而且是著名的科普作家。因此，由这二位参加署名给《纽约书评》写的公开信，在学术界和社会上的影响就非同一般。

公开信明确指出：从达尔文提出自然选择学说以来，生物和遗传信息曾在社会和政治发展中起过重要作用。从斯宾塞的"适者生存"到威尔逊的《社会生物学》，都宣称自然选择在决定大部分人类行为特性上起着首要作用。这些理论导致了一种错误的生物（或遗传）决定论，即生物遗传决定了人类的社会行为，因此给这些行为提供了合理性。同时，这种"生物（遗传）决定论"还认为，遗传数据能够解释特定社会问题的起源。

公开信进一步指责威尔逊有种族和阶级偏见，说他在为维护资产阶级、白人种族以及男性的特权寻找遗传上的正当性。由于威尔逊出生于美国南部的阿拉巴马州，该州在美国南北战争中曾站在维护黑奴制度的一方，而威尔逊又是有相当社会地位的男性白种人，因此这无疑是在指责威尔逊是种族主义者，并说《社会生物学》是社会达尔文主义卷土重来的信号。这一下子深深地激怒了威尔逊，使他不得不自卫反击。

✤ 威尔逊的反驳信

被包围在批判声中的威尔逊再也不能忍受别人尤其是自己的同事往自己身上泼脏水了，于是他在1975年12月11日的《纽约书评》上发表了一封反驳信。他在信中指出，他的批评者不仅歪曲了《社会生物学》及他本人的科学用意，而且对他进行了人身攻击，这严重违背了科学研究领域的自由探索精神。

他在信中还特别指出，那封公开信的签名者中有两位是跟他在同一座楼办公的同事（指莱万廷和古尔德），而他居然是在那一期《纽约书评》上了报摊之后才看到公开信的。试问究竟是谁在背后搞阴谋呢？

威尔逊之所以反问这个问题，是因为公开信中曾指责《社会生物学》宣传美国右翼的政治观点，而且影射威尔逊参与了右派的阴谋活动。

❧ 美国学术界的左右之战

威尔逊的反问并不是空穴来风。事实上，莱万廷和古尔德在美国 20 世纪 60 年代的学潮中，都曾是活跃分子。

由于莱万廷和古尔德两人都是犹太人后裔，对希特勒的种族清洗（屠杀犹太人）有切肤之痛，故对社会达尔文主义特别敏感。尽管从这一角度上说，他们对《社会生物学》的问世反应异常强烈也是可以理解的。但平心而论，这场论战也确实反映了美国学术界存在左右两派这一事实。

❧ "达尔文的罗威纳犬"上阵了

正当美国的这场关于"社会生物学"的论战方兴未艾的时候，1976 年（即《社会生物学》问世的第二年）在大西洋对岸的英国，牛津大学一位年轻的动物学讲师理查德·道金斯出版了《自私的基因》一书。道金斯在书中主要想把演化生物学研究（尤其是对自私和利他行为的研究）的新进展介绍给行外的人。其中的内容涉及我们前面所介绍的那些生物学家以及他们提出的各种理论。他书中的很多观点接近威尔逊的观点，但也有些不同。

首先，他引进了两个新概念：一是把生物体称作"运载器"，二是把基因称为"复制品"。依照他的观点，只有基因才是不朽的，每个生物体只是基因的载体，基因可以通过复制从一个载体传到另一个载体，历经无数世代。在这个过程中，生物体只是一个暂时的运载器，其作用是负责把复制基因传给未来的世代。因此，自然选择是在基因水平上起作用的，而不是上面提到的"个体选择"，更不是"群体选择"。从这个意义上说，道金斯比威尔逊更激进。

古尔德把道金斯的自私基因论称为"极端达尔文主义"，也有人因此称道金斯为"达尔文的罗威纳犬"。还记得赫胥黎的外号叫"达尔文的斗犬"吗？罗威纳犬可比斗犬更凶哟！

✿ "威尔逊，你全错了！"

《自私的基因》是一本科普书，对外行来说，比《社会生物学》更容易理解，因而在公众中的影响也更大。道金斯的出现，无疑给这场大论战"火上浇油"；事实上，在后来的持久战中，古尔德基本上是找道金斯"单挑"！他俩都是一流的科普作家、写文章的高手，两人笔战起来也格外好看。

但这并不意味着就没威尔逊啥事了。恰恰相反，1978年2月13日，在美国科学促进会年会上，威尔逊走上讲台正要作报告，突然冲上来一位女子，将手中的满满一杯水泼到威尔逊的身上，台下有一帮学生不停地齐声高喊："威尔逊，你全错了！""威尔逊，你全错了！"

有意思的是，"威尔逊，你全错了！"在英语的习语中是："Wilson，you're all wet."如果按照字面上的意思直译的话则是："威尔逊，你湿透了！"

在这场"闹剧"全过程中，威尔逊从未失态。凡是了解威尔逊的同事们都知道，威尔逊是一位典型的绅士、顶尖的学者，他不可能是种族主义者，更不是什么坏人。

❦ 威尔逊其人

威尔逊 1929 年生于美国的阿拉巴马州,从小就酷爱博物学,立志长大以后成为鸟类学家。不幸在一次钓鱼事故中右眼受伤变残。考虑到一只眼会严重影响野外观察鸟类活动的效果,便决定学习昆虫学。这样的话,尽管只有左眼一只好眼,但在显微镜下观察昆虫形态,不会受到多大影响。他在哈佛大学完成博士学位后,即被留校聘为助理教授,这是非常了不起的。他的博士论文是研究蚁类的社会行为的,不久他便成为全世界这一研究领域的顶尖学者。

尽管他的《社会生物学:新综合理论》一书饱受争议,但是,他在学术界的崇高地位,从来没有受到什么影响。他是美国科学院院士,荣获美国总统卡特颁发的美国国家科学奖章以及瑞典皇家科学院的克拉福奖(因为诺贝尔奖未设生物学奖,故该奖实际上相当于生物学领域的诺贝尔奖)。他还曾被美国《时代周刊》评选为"全美最有影响力的25 人"。

威尔逊的问题是太相信他所研究的科学了，忽视了赫胥黎早就指出的不能把演化生物学理论直接应用于人类社会行为领域。在这一点上，道金斯似乎比他要聪明一些呢！

❧ 道金斯走不出赫胥黎的阴影

在《自私的基因》中，当道金斯讨论人类自身时，他着重强调了以下三点：

1. 人类社会行为是可以用达尔文学说解释的；

2. 伦理学暂时应该从伦理哲学家手中接过来，伦理学可以被"生物学化"；

3. 社会学最终会被社会生物学取代。

对道金斯来说，由于自然选择的缘故，我们的行为总是倾向于对自身的传宗接代有利，并通过帮助后代及亲人来确保我们有更多的基因传给子孙后代。

尽管如此，跟威尔逊不同的是，作为英国人，道金斯始终不敢忽视赫胥黎的精神遗产。他不仅继承了赫胥黎作为科普大师的优良传统，而且也忘不了 100 年前赫胥黎在牛津大学的罗马尼斯演讲。道金斯在《自私的基因》最后一章里指出，唯独人类自身才能反抗我们"自私的基因"。换句话说，他不得不承认，对人类来说，后天的自我约束与先天的自行其是本性之间，两者至少是可以势均力敌的。

下面让我们再用两个例子来捅一下社会生物学理论的"软肋"，看看究竟为什么当我们可以自私的时候，却往往选择不那么干呢？

🌱 终极游戏

心理学家曾设计了一种叫做"终极游戏"的简单实验：游戏中涉及甲乙两方，实验者给甲方一定数目的钱（比如 10 元），让甲方可以随意与乙方分享，但实验者不把钱的具体数额告诉乙方。规则：如果乙方接受甲方分给他的钱（无论多少）的话，那么，甲方即可拥有余下的钱。但是，如果乙方嫌少，拒绝接受的话，那么两个人分文都得不到，甲方必须把钱如数还给实验者。

按照社会生物学理论预测，甲方肯定会尽可能少给乙方，比如只给乙方1元，这样的话，甲方可得9元。乙方也应该会接受，因为如果乙方拒绝的话，他连1元也得不到。得到1元总比分文得不到要好，因此乙方没有理由会拒绝。

然而，心理学家在不同的国家、不同的人群中做了大量的实验，实验结果远远不像社会生物学理论预测的那样。尽管具体数目变化多端，但几乎没有任何甲方只给乙方1元。一般的分配比例是在总钱数的四分之一与一半之间浮动。

这些结果证实了哲学家和道德伦理学家们长期教导我们的一些处事原则，比如，"己所不欲勿施于人"、是非标准、公平正义观念等。从甲方来说，给乙方太少的话，良心会受到谴责。对乙方来说，如果他觉得甲方分给他太少的话，即便拒绝甲方就意味着分文也得不到，乙方也会为了公平正义观念而拒绝接受的。

❋ 有人在瞧着你哪！

另一个实验同样有趣：

在一个公司办公楼的咖啡间里，有一台咖啡机，旁边有一个自觉交费盒，上面写着：从咖啡机中倒一杯咖啡，请自觉投入一元钱。

心理学家做了这样一个实验：有些日子在交费盒上贴上一张有一双人眼睛的图片，而在另一些日子则贴上一张花卉的图片。统计结果表明：在咖啡饮用量相等的情况下，贴有一双人眼图片的日子比贴花卉图片的日子，交费盒里收到的钱数要多得多。

这个实验的有趣之处在于，倒咖啡的人明知那只是一双眼睛的图片，并没有人在看着他，但是图片却起到了触及人们羞耻感的作用，也可以说这是出于人的心理作用。

尽管善恶观念、是非观念以及心理作用，在生物演化过程中不起什么作用，但是，按照赫胥黎的观点，在人类社会中，善恶观念、是非观念以及心理作用对一个人能否"合群"却很重要。否则，别人就会不喜欢你、不接受你，甚至制止并惩罚你。因此，在人类社会中，心理作用会成为做一个好人的强大动力。

最后，我们再回顾一下《进化论与伦理学》的要点吧。

✿ 人到老时心变软

《论语》中说："鸟之将死，其鸣也哀；人之将死，其言也善。"意思是说，鸟在快死的时候，叫起来会很哀伤；人在快死的时候，往往说的是善良的真心话。

同样，作为达尔文学说最著名的宣传者与捍卫者，赫胥黎一直是演化论、竞争、进步的鼓吹者。但是，在他晚年写作的《进化论与伦理学》里，他所强调的则是道德伦理、自我约束、和谐。真可谓人到老时心也变软。

赫胥黎写作《进化论与伦理学》是在他退休以后，那时他已搬到了伦敦南郊的南唐斯，在那里买了一大片荒地，在上面建造了一栋别墅，并修筑了一个漂亮的英式花园，而花园的院墙外依然是未开垦的土地。通过对花园里与荒地上两类不同生物群的观察，他受到了很大的启发。荒地上的生物是天然的，是受自然选择严格制约的，生存斗争异常残酷。相反，花园里的各种植物则是人工选择和培育的，园丁们为它们创造最适宜生存的环境条件。由此赫胥黎联想到，处于自然状态下的原始人类与生活在文明社会里的现代人类，也是截然不同的，就像荒地上的植物与花园里的植物之间的差别一样。

赫胥黎的这个类比简直是太绝妙了！

🌸 现代人类的双重性格

赫胥黎指出，人类演化造就了现代人类的双重性格。在原始人类生活的荒蛮时代，人类靠着"自行其是"的天然人格在生存斗争中胜出，这种性格表现出贪图享乐、逃避痛苦的私欲以及损人利己等"天性"。在文明社会中，人类培育出了"自我约束"的人为人格，这种性格表现出人们之间的互助合作精神、善良博爱以及公平正义等美德。

❧ 生物演化与社会伦理演化的矛盾和对立

赫胥黎的基本思想是，社会伦理的演化过程与生物演化这一宇宙过程，是截然不同的过程。在社会伦理的演化过程中，人类必须努力抑制自身贪婪与野蛮的天然人格。社会正义是建立在热爱你的邻居和同类基础之上的，善良就是一种美。

赫胥黎认为，社会达尔文主义不但是站不住脚的，而且是非常有害的。在人类社会中，不能把生存斗争与适者生存相提并论，更不能把适者与优秀者等同起来。事实上，人类社会中的斗争常常垂青坏人而不是好人，正是法律与伦理的功能起着抑制"宇宙过程"的作用——鼓励自我约束而不是自行其是。我们为此要感激社会伦理的演化使我们脱离了野蛮状态，生活在美好的文明社会中。

❧ 机智勇敢的侦察员

写到这里，我突然想起赫胥黎在演讲开头的一句引言："我常常跨越防线，潜入敌营，但不是当逃兵，而是当侦察员。"使我愈加佩服赫胥黎的睿智和伟大。

英国科学家、文学家与政治评论家 C.P. 斯诺先生 1959 年在剑桥大学"瑞德讲座"中，曾提出了"两种文化"的概念。他指出，由于自然科学与社会科学之间鸿沟日益增大、加深，因而科学家与人文学者之间的交流越来越少、越来越困难，几乎形成了两种不同的文化。

小贴士

西方国家的著名学府一般都设有冠名讲座系列，一般是每年聘请一位当代最负盛名的学者、艺术家或政治家去发表演说，对演讲人来说，这是极高的荣誉和礼遇。比如，赫胥黎的《进化论与伦理学》就是 1893 年牛津大学"罗马尼斯讲座"的演讲稿。剑桥大学的"瑞德讲座"也是同样性质的冠名讲座系列。赫胥黎曾于 1883 年应邀作"瑞德讲座"，题为《动物现存形态的起源》；2009 年的"瑞德讲座"是邀请时任中国总理的温家宝所作，题目是《用发展的眼光看中国》。

　　伦理学在传统上是哲学家、伦理学家、社会学家以及人类学家的研究范畴，作为科学家的赫胥黎来讨论伦理学，似乎是"跨界"的做法，因此他开玩笑地说自己是"跨越防线，潜入敌营，但不是当逃兵，而是当侦察员"。这个比喻非常贴切。100多年来的事实表明，他的这次侦察工作干得非常漂亮、非常成功！"敌营"中的许多哲学家、伦理学家、社会学家以及人类学家，也表示非常赞赏。相比起来，威尔逊在试图"跨越防线，潜入敌营"时，却不小心踩上了地雷。

　　赫胥黎演讲的目的是想见到一个内部和谐的大英帝国，而严复"翻译"这篇演讲却有另一番完全不同的目的——它究竟是什么呢？

第三节
严复"巧译"奇书《天演论》

🌿 严复想要看到一个强大的大清帝国

正像赫胥黎想见到一个内部和谐的大英帝国一样，严复想看到的是一个外部强大的大清帝国。可以说，他翻译所有的西方经典著作，都是为这一目的服务的。他翻译《进化论与伦理学》也是如此，为了达到这一目的，他甚至不惜改变原著的内容。

🌿 连人家的书名都给改了！

赫胥黎原著的书名是《进化论与伦理学》，严复翻译成中文之后把书名改为《天演论》。当然，把 evolution 翻译成进化论、演化论或天演论，意思都差不多；关键是，"伦理学"跑哪里去了？过去有人"为尊者讳"（意思是避讳提起或刻意隐瞒自己所尊敬的人的一些过失或丑事），曾说严复只翻译了进化论部分，舍去了伦理学部分，因此将书名定为《天演论》。也就是说，《天演论》只节选了《进化论与伦理学》中的进化论部分。但这不是事实！

我在编写这本书的时候，将《天演论》与赫胥黎的英文原著进行了逐字逐句地对照，发现《天演论》也包括了伦理学的内容。那么，他到底为什么要在书名中故意略去"伦理学"呢？

❧ "偷梁换柱"，用心良苦

我前面已经介绍过了，赫胥黎书中主要讨论了生物演化规律以及人类伦理的起源和演化，批判了把生物演化规律运用到人类社会中去。相反，严复却追随斯宾塞，反对把进化论与人类社会关系、道德伦理分割开来，坚持认为人类社会跟生物界一样，都是按照进化论原则发展的。严复改变书名，正是要强调这一点。

🌱 进化论像块豆腐

一位专门研究达尔文学说的著名学者曾开玩笑说：达尔文学说像块豆腐，本身其实没有什么特殊的味道，关键看厨师添加什么作料。虽说这是一句玩笑话，但也不是完全没有道理。

比如，达尔文的表弟高尔顿就在这块豆腐里加进了一些作料，便搞出了优生学。斯宾塞则弄出来个社会达尔文主义。同样是社会达尔文主义，当年的英国殖民者用来为他们对外扩张找借口——优胜劣汰嘛！可是，当时面临被列强瓜分的中国，却出现了一位智者严复，用它来激励自己的民族要奋发图强、走富国强民之路。经过严复加入的作料之后，这块豆腐的味道变得又不一样啦！同样，严复通过在《天演论》中"添油加醋"，也把赫胥黎的《进化论与伦理学》由"西餐"完全变成了"中餐"。下面让我们来看看，严复加了些什么作料。

🌱 "斯宾塞辣油"

首先，严复在《天演论》中加入了斯宾塞的社会达尔文主义，将"物竞天择，适者生存"的生物演化规律照搬到人类社会的演化上，这跟赫胥黎的本意是完全相反的。

我在本书开头已经指出，虽然严复推崇达尔文和赫胥黎，但是他更崇拜斯宾塞。为了急于寻求解决当时中国日渐衰败的社会问题，严复求助于斯宾塞的社会达尔文主义理论。为此，他竟然把赫胥黎批判社会达尔文主义的《进化论与伦理学》改成了宣扬斯宾塞的观点，企图起到刺激清廷推行变法维新的作用。

🌱 "马尔萨斯老醋"

其次，严复在《天演论》中加进了马尔萨斯人口论，把这一社会学理论介绍到中国来。在《写给孩子的物种起源》中，我提到过达尔文提出自然选择理论曾受到马尔萨斯人口论的启发。但在《进化论与伦理学》中，赫胥黎也只是用马尔萨斯人口论来说明生物界的生存斗争。然而，严复的用意跟达尔文与赫胥黎是截然不同的。

严复的用意是警示国人："弱肉强食，优胜劣汰"，"物竞天择，适者生存"，是生物界与人类发展的普遍规律；中国再不猛醒、救亡图存的话，亡国灭种的日子就近在眼前了。

🌱 严复是如何"配菜"的？

除了添加作料之外，严复还在"配菜"上花尽了心机：他在达尔文、赫胥黎、斯宾塞三者之间，根据自己的需要，相当巧妙地进行取舍。当他在《天演论》中需要强调生存斗争与自然选择时，他就大讲达尔文的"弱肉强食，优胜劣汰"的生物演化规律。当他需要强调生物演化规律同样适用于人类社会发展时，他就采用斯宾塞的社会达尔文主义。当他试图把伦理观念与儒家思想联系起来时，他就介绍赫胥黎的观点。

经过严复这样选材和"配菜"，再加上他用注释和按语的形式加入大量自己的观点，《天演论》就变成了一个进化论、社会达尔文主义以及救亡宣言书三合一的混合体。

❧ 信、达、雅翻译原则的典范？

十分具有讽刺意味的是，正是在《天演论》书前的"译例言"（相当于译者序或前言）里，严复首次提出了信、达、雅的翻译原则，这是 100 多年来每一个翻译工作者所努力达到的最高境界。"信"是指忠实于原文，"达"是指译文的文字通顺，"雅"当然是指译文的文笔优美。

根据我以上的介绍，乍看起来似乎严复本人连第一条"信"都远远没有达到。事实上，著名历史学家、台湾大学原校长傅斯年就曾说过：假设赫胥黎晚去世几年，学会了中文，看看他原书的译文，定要在法院起诉严复的。

然而，事情远不是这么简单呢！

❧ 学贯中西的大师

我将《天演论》与赫胥黎原著逐字逐句地进行了对照，发现严复真不愧为学贯中西的大师，他的英文造诣极高，中文就更了得啦！但凡他想忠实于原文的地方，他的翻译确实是达到了信、达、雅的境界。尤其是他的许多四字习语的运用，简直是出神入化。比如，把生存斗争与自然选择连在一起，翻译为"物竞天择"；还有"适者生存""优胜劣汰""保种进化"等等，翻译得真棒。不可否认，《天演论》的风行跟严复优美的文笔有密不可分的关系。

🌱 严复自称《天演论》是"达旨"而不是"笔译"

其实，严复自己也坦白地承认，他的这种翻译方法不能叫"笔译"，而应该叫"达旨"（即传达了主要的意思）。我认为，《天演论》只能算是严复阅读赫胥黎《进化论与伦理学》所做的读书笔记而已，严格说起来，连编译都算不上。因此，但凡不忠实原文的地方，并不是他没有弄懂，而是他故意为之。

傅斯年坚持认为，严复从来不曾对原作者负责任，只是对自己负责任而已。尽管傅斯年对严复译作的这一评价，基本上是话糙理不糙，但是，在

100 多年前的清朝末年，严复译作对中国近代史的影响怎么估计也不算过分。我们不应该用今天的眼光去苛求严复。

❧ 假如严复忠实翻译的话，结果会如何？

我们通常说历史是不能假设的。但是在西方，人们总爱好奇地问：what if…（假如……又如何）？

对于严复擅改赫胥黎原著的批评，前面已经介绍了很多。但我也曾多次这样问过自己：假如严复当年原原本本逐字逐句地翻译赫胥黎原著的话，效果又会如何呢？我想，至少对中国社会的影响就会大打折扣。平心而论，如果没有严复加进那样充满激情的文字，如果不加进他结合中国国情的讨论，就不可能出现《天演论》风靡中国几十年的现象。

❧ "李杜文章在，光焰万丈长"

这两句诗原是韩愈称赞李白和杜甫的名句。我在这里借用一下，来赞扬严复的译作《天演论》以及赫胥黎的原著《进化论与伦理学》，恐怕是再合适不过的了。当然，也可以改作：严赫文章在，光焰万丈长。

《天演论》与《进化论与伦理学》这两本书虽然内容与观点大不相同，但却有很多共同点：它们都曾有过重要的历史意义，也都曾产生了深远的影响，而且都依然具有重大的现实意义。

关于作者

　　苗德岁，古生物学家。毕业于南京大学地质系，中国科学院古脊椎动物与古人类研究所理学硕士。1982 年赴美学习，获怀俄明大学地质学、动物学博士，芝加哥大学博士后。现供职于堪萨斯大学自然历史博物馆暨生物多样性研究所，自 1996 年至今任中国科学院古脊椎动物与古人类研究所客座研究员。

　　1986 年，苗德岁荣获北美古脊椎动物学会的罗美尔奖，成为获得该项奖的第一位亚洲学者。除在《自然》《科学》《美国科学院院刊》等期刊发表古脊椎动物学研究论文 30 余篇外，还著有英文古脊椎动物学专著一部，并编著、翻译、审定多部专业、科普及人文类的中英文著作。曾任《北美古脊椎动物学会会刊》国际编辑、《中国生物学前沿》(英文版)编委以及《古生物学报》海外特邀编委,现任《古脊椎动物学报》和 *Palaeoworld*(《远古世界》)编委。

2014年,苗德岁出版的《物种起源(少儿彩绘版)》一书,先后荣获国家图书馆文津图书奖等15个各级奖项。